食と農業
未来への
選択

はじめに

「食と農業を取り巻く環境を知り現在と将来をどうすべきか考える。できることをする」

本書のテーマを一口にいえばこうなる。

私は、「食と農業」に大きな関心を持ち続けてきた。実家は山形県新庄市で田畑山林を保有しており、かつては酪農に携わったこともあった。私自身、大学生まで実家の農業の手伝いなどをしたほか、夏には北海道旭川市に隣接する東神楽町で農業実習の機会を得て、早朝から深夜まで汗をかくこともあった。弁護士となってからは、山形県最上町の「絆大使」を拝命し、農業、畜産、園芸作物などの特産品を生み出す自然豊かな地域を紹介する役割を担っている。

およそ5年前には東京弁護士会において、食品安全関係法研究部の発足に関わった。食に関連する法律は複数にまたがっており、所轄する官庁や行政も一本にまとまっていない。研究部を発足させた経緯も、食に詳しい専門弁護士を育成する場が必要と感じたためである。

この研究部会は、食の安全や衛生をテーマに世間を騒がせた事件や事故（食中毒、偽装表示などを含む）、あるいは法令について、多面的な議論と研究を行っているだけではない。食品工場見学を通じて現場を知り、安全衛生責任者の方々との意見交換を通じて研鑽を続けている。最近はこれまでの活動を研究結果としてまとめ、書籍として刊行する予定と聞き及ぶ。

私が所長を務める法律事務所では、「異業種参入」に関心の高い企業・団体を対象に、食品・農業参入の成功者、大手食用油メーカー、農業コンサルタントを講師に招いて連続6回のセミナーを主催した。講師・参加者の活発な意見交換によって、大いに学ぶ機会を得ることができた。私自身は、セミナー参加や食品・農業分野の業界紙購読を通じて、食と農業に何が起こっているのか、できる限り理解しようと努めている。

そして気付いたことがある。食・農業を知ろうとすると、食・農業の分野、あるいは日本の状況にとどまらず、世界の政治経済と社会情勢を意識せざるを得ない。社会や世界の動きを理解したうえでの情報発信や活動が生産・販売に大切なのである。そうしないと売れないし、評価もされない。

食・農業は製造業やサービス産業以上に、個々の事情、特徴、環境が異なる。いわゆる十把一絡げに語ることができず、多様性と個別の事情が著しい。したがって、万能な処方箋は提案し難い。あったとしても、効き目は極めて弱いか無しに等しい。

私が、食や農業、ひいては漁業・畜産業の現状と将来に関心を持つようになった理由は、以下に要約できる。

・「食」は誰にとっても必要不可欠な、生存に関わる重要事項であること
・「食」は世界中の人々を幸せにすること。その一方、十分な食にありつくことのできない人たちも少なからずいること
・日本の「食」の立ち位置がとても不安定な側面を持っていると知ったこと

したがって、現在の課題と将来のあるべき姿を私なりに解釈し、日頃お世話になっている顧客や関係者の皆様と一緒に考え、意見交換したいと思うに至った。

食に関わる課題を整理してみると極めて多様だ。生きるための栄養補給としての食、健康維持のための食、豊かな生活を彩る娯楽また幸福としての食、文化としての食、食品産業としての食、国家安全保障としての食、など多面的な性格を持っている。

食に関する様々なテーマを掘り下げていくと、食は国内だけでなく世界の政治経済動向や課題との関連において考えるべきということがわかる。

一例として、このところ、すっかり社会に浸透したＳＤＧｓで見てみよう。２０１５年９月に国連総会で採択されたＳＤＧｓは、持続可能な開発目標：Sustainable Development Goalsとして大きく17の目標を掲げている。この中で、食・農業と直接関係する目標は２つ、間接的に関係する目標は12ある。

〔直接関わる目標〕

目標2：飢餓をゼロに

目標3：すべての人に健康と福祉を

〔間接的に関わる目標〕

目標1：貧困をなくそう

目標4：質の高い教育をみんなに

目標6：安全な水とトイレを世界中に

目標7：エネルギーをみんなに、そしてクリーンに

目標8：働きがいも経済成長も

目標9：産業と技術革新の基盤をつくろう

目標11：住み続けられるまちづくりを

目標12：つくる責任つかう責任

目標13：気候変動に具体的な対策を

目標14：海の豊かさを守ろう

目標15：陸の豊かさも守ろう

目標17：パートナーシップで目標を達成しよう

関係が直接的なのか間接的なのかは異論もあると思うが、私の判断では明らかに14項目の目標が食と関係がある。残りの3項目「目標5：ジェンダー平等を実現しよう」「目標10：人や国の不平等をなくそう」「目標16：平和と公正をすべての人に」も関係がないとはいえない。食と食に関連する環境や事業はそれだけ重要なのだ。

ところで、バナナは栄養豊富で手軽な価格で手に入るため、世界で最も消費される果物として何億人もの食生活を支えている。ダン・コッペルの『バナナの世界史―歴史を変えた果物の数奇な運命』によると、その裏側には、戦争、内戦、米国大企業による農業労働者の搾取、病気を導く人工的な栽培といった暗黒の歴史と深刻な食と農業の問題がある。現在でも、バナナ特有の病気である「新パナマ病」がフィリピンほかで猛威をふるい生産量が激減、その対策が急がれている。

これまで私は1万本のバナナを食べたろうか。ありふれたバナナからでも学ぶことは多い。国連世界食糧計画（WFP）の2020年のノーベル平和賞受賞は、国際社会における課題解決への連携と食料支援を加速させるきっかけとして受け止めるべきだろう。

2018年9月に上梓した拙書『知っておきたい これからの情報・技術・金融―真剣に夢を持ち続けるために―』では、情報技術、フィンテック、人工知能（AI）について記し「革新的な技術の利用に遅れることは時代の波に取り残されることであり、大きな機会損失を招くという危機意識を日々感じるようになった」と述べた。これは「食と農業」についても当てはまる。もちろん、ＡＩやＩｏＴといった技術だけが日本の豊かな食への回答ではないものの、新たな発想によるデジタル技術やロボットの食に関わる産業への利用は、すでに多くの課題解決に欠かせないものとなっている。

日本の食の未来について私が常日頃懸念していること。その１つが「農業のあり方」についてである。このテーマは、ややもすると農業の難しさや特殊性をひどく深刻に考えたり、マイナスに評価してしまう傾向があるようだ。難しい分野であることは間違いない。しかし、難しさゆえの無作為はどんな産業であっても停滞か後退に向かう。

農作物の生長と収穫は、多様な自然環境や天候の小さな変化にも時として大きく影響される。これまでの農業の進化は、農作物や家畜の品種改良、肥料の多様化と品質の改良、農機具の進歩などが中心的役割を果たしてきたといえる。現場の作業は、それぞれの農家が持つ経験と、時として勘に裏付けられたノウハウに頼る世界であり、熟練が求められる領域であった。

扱う対象は、同じ品種の作物であっても重量や品質に差の出る固体である。優秀な熟練農家は、耕地の特徴と状況、作物の生育状況と特徴、天候の変化などにきめ細かく気を配り、また、恐ろしいまでの手間を掛けながら高品質な作物をつくってきた。ある意味、芸術家と同じような努力によって農産物をつくり、現在も同じようにつくられているものもある。

工業製品であれば、生産工程の手順を規格化し、コンピュータ内蔵の製造機械を使用して求められる製品を効率的に生産できる。産業革命以降のイノベーションは規格化・標準化による大量生産を軸としている。

農業は、作物や家畜の品種改良、肥料の改良、農機具の進歩があったものの、その長い歴史において「人手」と「熟練」を必要不可欠な基盤としてきた。しかし、近年、これまで機械化ができなかった領域においても、ＡＩ、ＩｏＴ、ドローン、ロボットなどの新しい技術が急速に発展して活用がはじまっている。遺伝子情報に基づいた解析や応用を可能にするバイオテクノロジーの進歩にも目をみはるものがある。

ハードウェアにしろソフトウェアにしろ、農業は長い間ハイテクとはほとんど縁がなかったが、今日では前代未聞の大きなインパクトをもたらす技術の利用が実現しつつある。こうした先端技術をうまく活用することにより、日本の農業は大きく変わることができる。

農産物やその加工食品を生み出す農業、ひいては農林畜産業は、生活というより生命維持に欠かせないインフラといえる。したがって、需要が逼迫しても一般的に価格の大幅な値上げは難しい。また、生産方針も行政の指導や政策に従わざるを得ない局面もある。これらの特徴は工業製品と比べると、確かに大きなハンディキャップといえるだろう。

昨今は、環太平洋パートナーシップ協定（ＴＰＰ）や経済連携協定（ＥＰＡ）などの貿易協定による安価な農産物・加工食品の輸入増も取り沙汰されて、日本の食と農業の未来に対する悲痛な叫びや嘆息が紹介されることも多い。また、食物という究極的に必要不可欠な何より大切なモノを論じる際に、識者を含む一部の人たちは「農業で儲けるのは無理。農業を株式会社化するのは無理」といった考えを持っており、こうした意見はインターネットや書籍などのメディアで比較的目立っている。

このような意見がある理由の1つは、個々の営農家や関連事業者が抱える課題の実態に非常に大きな違いがあるためと考えている。すなわち、前述のとおり個別の事情と解決すべき課題が異なるケースが多いため、「これが最適な提案です」として、良く効く処方箋を示すことが極めて難しい。まずできないといっていい。

だからといって農業を必要以上に特別視することは止めるべきだと思う。「触らぬ神に祟りなし」では何も生まれない。できない理由を考えるより、できるようにするためにどうすべきか。考えて行動を起こすことが「良い変化への一歩」につながる。

私は直接農業に従事してはいない。日本の農業を応援する1人として、間接的に関わる1人として、この本を通じて「食・農業」についていくつかの提案をさせていただいた。

本書を読んで、おもしろく感じたり考えていただいたり、僭越ながら何らかの行動のヒントとなれば大変うれしく思う。技術革新をテーマとした前著を改めて読んでみても、農業・漁業・畜産業への言及が相当あることに、いまさらながら納得する。

読者の皆様には日本の食や農業の応援団の一員として、様々な応援活動の中からできる行動をぜひ一緒に行っていただければと願う。

組織や企業としてのビジネスやボランティア活動だけでなく、たとえば、東日本大震災で被災した地方に滞在し、温泉につかり、地元の食材を利用した料理や酒を楽しむ。地産地消に協力する。ネットでお取り寄せをする。こうしたことも立派な社会貢献にほかならないと思う。

日本が誇る和食と日本食、それを支える日本の農業を仲間とともに力強く応援しようではありませんか。同志求む！

2021年2月

松田　純一

食と農業　未来への選択　目次

第2章 グローバル経済で見る日本の食と農業

第3章 利益ある農業を考える

第4章 社会が変わり、食が変わる

第5章 農業を持続可能にする方策

第6章　文化・教育が食産業を支える

第7章 観光産業をさらに発展させるには

第8章　気候変動対応待ったなし

第9章　持続可能で効率的な物流のために

終章　未来への機会に焦点を当てる

謝辞

参考文献

第1章
日本の国際的ランキングと食文化

幸福度が年々落ちていく日本

昨今の日本を表す言葉として、「低い労働生産性」「失われた20年」といった憂鬱でマイナスな印象を与える表現が目立つようだ。我が国のGDPは世界3位にもかかわらず、1人当たりGDPは世界26位。労働生産性はG7の中で最下位、自殺率はG7中トップという有り様だ。過去には世界で最も勤勉といわれ、また、落とした財布やスマホが返ってくるといった善良な日本人が、どうしてこのような立ち位置にいるのだろうかと深く考えざるを得ない。

特にショッキングなデータが、毎年国連が発表する世界幸福度ランキングだ。これは世界150以上の国と地域に対して、「人口1人当たりGDP」「社会的支援」「健康寿命」「人生の選択の自由度」「寛大さ」「腐敗の少なさ」の6要素を加味して幸福度を測るもの。2012年に始まり、2020年で7回目の発表となる。

日本のランキングは2012年で44位、翌年には43位となったが、発表のなかった2014年の後は、2015年：46位、2016年：53位、2017年：51位、2018年：54位、2019年：58位と低迷を続け、2020年には62位まで落ち込んだ。

上位では、フィンランドが3年連続でトップに君臨している。また、トップ10の半数を北欧諸国が占めている。北欧諸国は社会保障が手厚く教育の質も高い。ジェンダーギャップへの取

◆世界幸福度ランキング（2020 年）

順位	国	順位	国	順位	国
1	フィンランド	16	アイルランド	77	ギリシャ
2	デンマーク	17	ドイツ	78	香港
3	スイス	18	米国	83	ベトナム
4	アイスランド	19	チェコ	84	インドネシア
5	ノルウェー	20	ベルキー	94	中国
6	オランダ	23	フランス	144	インド
7	スウェーデン	25	台湾	145	マラウィ
8	ニュージーランド	28	スペイン	146	イエメン
9	オーストリア	30	イタリア	147	ボツワナ
10	ルクセンブルグ	31	シンガポール	148	タンザニア
11	カナダ	32	ブラジル	149	中央アフリカ
12	オーストラリア	54	タイ	150	ルワンダ
13	イギリス	61	韓国	151	ジンバブエ
14	イスラエル	62	日本	152	南スーダン
15	コスタリカ	73	ロシア	153	アフガニスタン

〔判定項目〕
①人口1人当たりGDP（GDP per capita）
②社会的支援（social support）
③健康寿命（healthy life expectancy）
④人生の選択の自由度（freedom to make life choices）
⑤寛大さ（generosity）
⑥腐敗の少なさ（perceptions of corruption）

出所）国連「世界幸福度調査—World Happiness Report2020」
https://happiness-report.s3.amazonaws.com/2020/WHR20.pdf

組にも積極的で、フィンランドは世界で唯一父親が母親より学齢期の子供と過ごす時間が長いといわれる。一方、ワースト10のうち7か国がアフリカの国で占められている。

幸せな状態かどうかは、言うまでもなく生活の充実感、仕事のパフォーマンス、健康、病気からの回復力、ひいては寿命にも大きく影響する。総じて日本人は謙虚で自己肯定感が低い。幸福度ランキングの低さはそんなに気にしなくてもよいのかもしれない。

謙虚は美徳。謙は益を受く。しかし、楽しく生きたい。もう少しばかり幸福感や生活の満足感を持ってもよいと思う。

幸せを別条件で見れば世界一

少々がっかりしたところで、別の調査結果を紹介したい。

英国のコンサルティング会社であるフューチャーブランド社は、国や地域の評判を基準とした「フューチャーブランド国別指数」を発表している。

この調査は、GDP上位75か国を対象に、世界各地で過去1年に少なくとも1度は海外旅行をした2500人にオンラインインタビューを行い、さらにSNSでの各国・地域についての投稿を分析して22項目で評価したものだ。

２０１９年6月に発表されたレポートの序文は、以下の言葉で始まっている。「国々は伝統的に力や勢力によって測定されランク付けされてきた。ＧＤＰ、人口規模、時には核兵器保有数である。しかし、急速な変化に定められる今日の世界において、こうした旧来の測定は国家のランキングにおいて意味をなし続けるのだろうか」

すなわち、現代を生きる私たちが快適な生活を営むことができるかどうかをベースに、従来とは異なる指標を提案している。合計22の評価項目に違和感は覚えないだろう。当然のこととして「食事」も入っている。

これら22項目は幸せを満たす条件ともいえる。さて、日本はこのフューチャーブランド国別指数２０１９で何位だったのだろうか。

答えは第1位。実は前回２０１４年の調査でも日本は第1位だった。

国連の幸福度ランキングでは第62位の日本が、視点を変えると第1位のブランドとして評価されている。日本に関しては「今日、日本で人気のある消費者ブランドは高度な技術革新の歴史により生み出された製品やサービスよりも、（西洋とは異なる）独自の個性的な自然環境遺産や文化を利用しているようだ」との意見があり、「日本製」「日本産」の高い品質、本物の品物、特に「食べ物」と説明されている。

◆フューチャーブランド国別指数（2019年）

順位	国	順位	国	順位	国
1	日本	13	オランダ	39	タイ
2	ノルウェー	14	イタリア	41	インド
3	スイス	15	オーストラリア	47	ブラジル
4	スウェーデン	16	UAE	56	インドネシア
5	フィンランド	17	フランス	61	ベトナム
6	ドイツ	18	シンガポール	64	メキシコ
7	デンマーク	19	イギリス	67	フィリピン
8	カナダ	20	韓国	71	バングラディシュ
9	オーストリア	23	スペイン	72	イラン
10	ルクセンブルグ	24	香港	73	パキスタン
11	ニュージーランド	27	ロシア	74	ウクライナ
12	米国	29	中国	75	イラク

〔評価項目〕

●価値システム
1. 政治的自由
2. 環境への優しさ
3. 寛容さ

●生活
4. 健康と教育
5. 生活水準
6. 安全·セキュリティ
7. そこに住みたいか

●ビジネス
8. ビジネス環境
9. 優れた技術力
10. インフラ整備

●文化
11. 歴史認識
12. 芸術·文化遺産
13. 自然の美しさ

●旅行
14. 金銭的価値
15. 娯楽の幅
16. リゾート·宿泊
17. 長期滞在向き
18. 食事

●製品
19. 本物の信頼できる製品
20. 高品質の製品
21. ユニークな製品
22. その国の製品を買いたいか

出所）「FutureBrand - Country Index 2019」
https://www.futurebrand.com/uploads/FCI/FutureBrand-Country-Index-2019.pdf

ブランドパワーを高める日本の食

日本の食べ物に対する評価は芸術、伝統文化、娯楽の幅の広さと並んで特に高く、#sushi, #soba などのハッシュタグが #mtfuji, #hokusai と一緒に紹介されている。

また、フューチャーブランド国別指数での「食べ物」の評価は、前回よりも今回のほうが大きなポイントを得ており上昇度も高い。国のブランド力全体を評価するレポートであり食べ物特集ではないので、どんな食べ物が人気なのかといった情報はないが、調査結果として興味深いコメントが述べられており、注目に値する。せっかくなので全文を訳して紹介する。

- オンラインで日本が語られる場合、圧倒的に「娯楽の幅」と「食べ物」について言及している
- 日本の娯楽の幅について、語りつくされることがない。しばしば他の話題、すなわち、歴史、芸術、文化遺産、そして何よりも自然の美しさと関連付けられる
- 娯楽の幅が、とても高いレベルで他の話題と関連付けられていることは、日本が多面的な旅行先としてアピールしている証拠である
- 日本の食は独立した話題となっている。他の話題との関連性は低いが、日本について最も集中して取り上げられることに注目すべき

このレポートでは、ラグビーワールドカップ２０１９と、延期にはなったが東京オリンピック・パラリンピック２０２０が日本への追い風になるとしている。こうしたビッグイベントは和食文化を知ってもらい、同時に売り込む好機だ。観光立国への歩みにおいて積極的な和食の情報発信が必要である。

和食を味わう機会を訪日外国人に持ってもらう。そうして和食のファンを増やす。日本の魅力を発見してもらい、また行きたい、また来たいと思うようになってもらいたい。「ブランド世界１」という評価はひとまず置いて、日本の魅力をさらにアピールするための工夫や改善を進めていくべきだ。

食としての方向性は、まず、日本国民自らが安心安全な食材から作られた日本の料理や酒を、心の余裕と生活の豊かさを与えてくれるものとして楽しみ、それを海外の人たちや訪日外国人にも味わってもらうことだろう。

そもそも、ランキングがそんなに大切なのだろうか。単なる人気投票と批判することもできる。フューチャーブランド社は「国家にも企業のようにブランドパワーがある。その強みを生かすことは、国の将来価値を示す先行指標となる」と述べている。

国のブランドパワーを高めることにより、他国との貿易やその他様々な分野における競争力を強くできるとの説明だ。日本ブランドが強くなることにより、日本の食の魅力や価値も高まり、

「日本に行きたい。また来たい」という人や、日本に来られなくとも「日本の食や文化を海外で楽しみたい」という人が増えてくれればうれしい。国が潤い、生産者や関連事業者が潤う。日本ブランドをいっそうパワフルなものにして、世界中の人々に価値を実感してもらえるようにしたい。「食」はその中心的役割を担う。日本には国際的に知られていない食の魅力が全国各地にまだまだある。その素晴らしさを広め、食のブランドパワーを高めていきたいものだ。

男性・女性ともに世界最高の平均寿命

私たち人間の最も切実な願いとは、「健康で幸せな生活」に間違いない。世界保健機関（WHO）が発表した「世界保健統計２０２０」によれば、２０１６年の世界の平均寿命、正しくは「０歳児の平均余命」は、男性69・８歳、女性74・２歳、全体で74・０歳となっている。さらに、健康上で日常生活が制限されることなく生活できる「健康寿命」は、男性62・０歳、女性64・８歳、全体63・３歳。全体の平均寿命の上位国は次のようになっている。

なお、２０２０年７月に厚生労働省が発表した「簡易生命表」によると、２０１９年の日本人の平均寿命は、男性が81・４１歳、女性が87・４５歳で、男性で８年連続、女性で７年連続で過去最高を更新している。右表によると、日本人女性と全体の平均寿命は世界一で、男性がスイ

◆世界の平均寿命

		平均寿命（2016年）			健康寿命（2016年）		
順位	国	男性	女性	全体	男性	女性	全体
1	日本	81.1	87.1	84.2	72.6	76.9	74.8
2	フランス	80.1	85.7	82.9	71.8	74.9	73.4
3	スペイン	80.3	85.7	83.0	72.2	75.4	73.8
4	韓国	79.5	85.6	82.7	70.7	75.1	73.0
5	スイス	81.2	85.2	83.3	72.4	74.5	73.5
6	シンガポール	80.8	85.0	82.9	74.7	77.6	76.2
7	イタリア	80.5	84.9	82.7	72.0	74.3	73.2
8	オーストラリア	81.0	84.8	82.9	71.8	74.1	73.0
9	カナダ	80.9	84.7	82.8	72.0	74.3	73.2
10	ルクセンブルク	80.1	84.6	82.5	71.1	73.7	72.6
11	ポルトガル	78.3	84.5	81.4	70.0	74.0	72.0
12	ノルウェー	80.6	84.3	82.5	71.8	74.3	73.0
13	オーストリア	79.4	84.2	81.8	70.9	73.9	72.4
14	フィンランド	78.7	84.2	81.4	69.8	73.5	71.7
15	イスラエル	80.3	84.2	82.3	71.7	74.1	72.9
16	スウェーデン	80.6	84.1	82.3	71.5	73.4	72.4
17	ニュージーランド	80.5	84.0	82.2	71.8	73.9	72.8
18	アイスランド	80.9	83.9	82.4	72.3	73.8	73.0
19	ギリシャ	78.7	83.7	81.1	70.5	73.6	72.0
20	スロベニア	78.0	83.7	80.9	68.3	72.6	70.5
23	ドイツ	78.7	83.3	80.9	70.2	73.0	71.6
27	イギリス	79.7	83.2	81.4	70.9	72.9	71.9
37	米国	76.1	81.1	78.6	66.9	70.1	68.5
77	中国	75.0	77.9	76.4	68.0	69.3	68.7
84	ロシア	66.4	77.2	72.0	59.1	67.5	63.5
127	インド	67.4	70.3	68.8	58.7	59.9	59.3
179	中央アフリカ	51.7	54.4	53.0	43.9	45.9	44.9
180	シエラレオネ	52.5	53.8	53.1	47.2	48.1	47.6

※180か国のデータ

出所）World Health Statistics 2020 — WHO

スにわずかに及ばない第2位だから、２０１９年の数字であれば、男性も世界一になったかもしれない。

日本人の平均寿命が長いということは、高齢者が多いということ。ＷＨＯの定義では65歳以上を「高齢者」としており、日本の統計でも０～19歳を「未成年者」、20～64歳を「現役世代」、65～74歳を「前期高齢者」、75歳以上を「後期高齢者」としている。

総務省統計局によると、２０１８年における日本の高齢者人口は３５５７万人で、全体の28・１％を占める。日本ばかりでなく、世界各国でも高齢化が進んでいるが、イタリアの高齢者人口の割合が23・３％（２０１７年）で第2位だから、日本は群を抜く世界第1位である。なお、10位までは以下のとおり。

３位ポルトガル：21・９％、４位ドイツ：21・７％、５位フィンランド21・６％、以下、ブルガリア、ギリシャ、クロアチア、スウェーデンと続き、10位がフランスで20・１％。

格付会社のムーディーズが２０１４年に発表した推計では、高齢者人口の割合が20％を超えるスーパー老人国は２０２０年には13か国、２０３０年には34か国に増えると見込んでいる。

人口高齢化に伴って出生率低下の問題が加わるので、当然ながら労働人口が減る。そして年金受給者や医療関連の社会保険受給者が増える。国は予算の赤字増大を抑えるため、退職年齢を上げるよう勧告したり、定年廃止を奨励してきたが、今後もさらなる退職年齢引上げは確実と見られる。

2019年、日本では「老後資金2000万円問題」が大きな話題となった。将来の年金支給額の減少が予想され、多くの高齢者の引退生活を遅らせるようになってきた。「年をとっても働かざるを得なくなってきた」のである。

働く人々の高齢化と現役労働者の減少は近代の歴史上なかったことで、しかも、経済的に豊かな国々を中心とした世界的なトレンドである。高齢就業者は高齢消費者として消費パターンを変化させる。外食でなく家庭での食事が増え、医療サービスへの支出も増える。健康を支える食事への関心は今後ますます高まるに違いない。

長寿の源は日本食にあり

日本人が長寿な理由として、高度な医療技術・国民皆保険制度、健康に対する意識の高さとともに、特徴的な食生活が挙げられる。日本食の特徴である脂肪分の少なさゆえ、他の先進諸国に比べて脂肪の摂取量が極端に少ないというデータがある。コメ、うどん、ソバやパンをよく食べるため、炭水化物の摂取が多くなっている。

海に囲まれた環境のため、魚介類の摂取量が多いことも特徴だ。特に、青魚に多く含まれる必須脂肪酸のＤＨＡとＥＰＡは、健康に有益な働きが期待される「オメガ3脂肪酸」に分類される成分。人間の体に欠かせないが、体内でほとんど作ることができないため、食事によって摂取しなければならない。

日本食に抗酸化作用の高い食品が多いことも、長寿の要因として挙げられている。細胞の老化は細胞の酸化にほかならないが、細胞を酸化させにくくするのが抗酸化作用のある食品だ。

その中でも、特に注目されているのが発酵食品。味噌や納豆など、日本の一般家庭で普通に食べられている大豆製品には、動脈硬化を予防する効果がある。はるか昔から飲まれている緑茶に含まれるカテキンやビタミンＣも抗酸化物質で、動脈硬化やがんなどを予防する効果があるという。

和食は一汁三菜を基本として新鮮な食材や素材そのものの味を活かしながら、多様な方法で調理するため、栄養のバランスが非常に優れているとされる。

一方、伝統的な和食が食生活の中心であった時代は、脚気やいろいろな栄養欠乏症に悩まされて短命な人が多かったという歴史もある。つまり、現代の日本の健康長寿を支えているのは、伝統的な日本食というよりは、肉や乳製品も取り入れてアレンジされた日本食とも考えられる。

「医食同源」のニーズが高まる

健康食品・食材として魅力あるものに改良し付加価値を高める「機能性食品」が流行しているが、機能性食品だけでなく、医療食品ビジネスの可能性は非常に大きいはずだ。長寿命を誇る日本がつくるのだから説得力がある。

現在の医療食品は、タンパク質含有量に配慮したもの、カロリーに配慮したもの、塩分控えめに配慮したもの、野菜・肉・魚の栄養バランスと品目数に配慮したものなどを、和・洋・中それぞれの調理で飽きのこないようにつくられている。メニュー作成には管理栄養士が携わっている。これらを冷凍して宅配サービスで提供しており、電子レンジで温めるだけで食べられる。冷凍ゆえ保存が効くのも優れたポイントだ。

メーカーは、食材のトレーサビリティの確認、工場監査、第三者機関による検査（細菌・残留農薬など）を徹底し、一定の基準をクリアした材料のみを利用して製造する。材料を仕入れた後も、仕入先品質管理担当者との連絡を通じて管理状況の確認や情報の共有化をする。安全・安心な商品を提供するための体制構築への努力を惜しんでいない。

単純につくればよいというものではなく、まさに日本企業が得意とする「ものづくり」の文化と共通するものがある。医療食品に使われる食材に特別に選定したり加工した食材を利用することも増えていくだろう。高コストになるが、採算が十分に取れる可能性は高い。

私たちが普段口にする食品も、美味しさ、見た目の美しさ、新鮮さ、安心・安全への信頼感だけでなく、健康や美容にどれだけ効果があるのかという観点が問われるようになり、売上げに大きく影響するだろう。

オーガニック食品や無農薬野菜が支持される大きな理由は、美味しさと安心・安全である。この「安心」「安全」に加えて「健康」、それも健康維持・未病だけでなく、病気からの快復も含めた健康をキーワードとして、「オーガニックに代表される無農薬食品・食材」「機能性食品・食材」「医療食品・食材」の３つが支持されていくと考える。

病院食については、病気快復を促進したり病気に打ち勝つ成分や栄養素が加えられたものが普通になるかもしれない。病院であれば患者の食欲や食べ具合がチェックできるので、文字どおりの「医食同源」が実践できる可能性は高い。

「医食同源」とは、バランスの取れた美味しい食事で病気を予防し、治療しようという考え方だ。これをキーワードとして、日本の長寿文化や病気予防のノウハウを美味しい食と併せて世界に広く紹介していきたい。

医食同源をアピールできる食品・食材・サービスの輸出に本腰を入れて取り組むべきと考える。食は体をつくる。健康を維持できれば医療費もかからない。何より楽しく生活できる。

ところで、医食同源をどう英訳するのか気になり、いくつか検索したところ、「Eat healthy, live healthy」というキャッチコピー的なものがあった。「Medical food」といった直訳より格段に良いと思う。

また、「医食同源」は日本古来の言葉だと思っていたが、中国の薬食同源思想から着想を得た日本の臨床医・新居裕久氏が1972年に発表した造語で、薬食同源思想を紹介するときに、薬では化学薬品と誤解される懸念があるので、薬を医に変えたとのこと。とても素晴らしい造語だと思う。一般に使われ始めたのは1990年頃からだといわれる。

腸内細菌データを病気予防に

腸内細菌は人間の腸内に100兆個も存在し、病原菌の排除や免疫力を高めて病気を防ぐことが知られるようになった。がん、糖尿病、動脈硬化、アトピー性皮膚炎などのアレルギー疾患をはじめ、うつ病などの心の病にも関係するといわれる。病気やアレルギーの発症予防には腸内細菌の種類と数を増やすことが重要。種類と数が多くなればなるほど健康サポート効果がアップし免疫力が高められる。

腸内には、ビフィズス菌や乳酸菌などの「善玉菌」、大腸菌などの「悪玉菌」、それ以外の「日和見菌」がいる。日和見菌は腸内細菌のなんと4分の3以上を占める。腸内の善玉菌が優位になると善玉菌の味方になり、悪玉菌が優位になると悪玉菌に味方する。免疫力アップには、強い抗酸化作用を持つ善玉菌の優位を保ちながら、これをサポートする日和見菌の種類と数を増やす必要がある。

食生活などの生活習慣や環境は腸内細菌の種類に影響を与えるといわれ、データを集めて特徴を明らかにすれば病気の予防にも役立つと期待されている。

厚生労働省所管の独立行政法人医薬基盤研究所は、これまで健康な男女１２００人の腸内細菌データを集めて生活習慣との関連を調査してきたが、２０２０年1月、今後5年間で世界最大規模の５０００人に調査を拡大すると発表した。

収集は20歳以上のボランティアが対象。便を採取して腸内細菌のＤＮＡを分析する。提供者の生活習慣との関係が大事なので、年齢、居住地域、食生活、睡眠、運動といった日々の生活に関連した情報も詳細に集めるという。健康な人のデータを集めて標準化し、病気を持つ人とのデータと比較することで、どの腸内細菌がどんな病気と関わっているのかを明らかにできる可能性も出てきた。

こうした研究成果をベースに食品の栄養素を工夫したり、医療食品については病気の改善に役立つレシピを作成できるだろう。日本独自の調査結果を反映した食品・食材をつくり、その効果をフォローアップするサービスと組み合わせれば、応用できる範囲の広い特徴あるものとなるだろう。

世界的に増加する菜食主義者

世界的に動物性食品を食べない人が増えている。一般に「ベジタリアン」（Vegetarian）という名称でこれまで知られてきたが、近年では、卵や乳製品も避ける完全菜食主義者「ヴィーガン」（Vegan）も生まれた。さらに、野菜中心だがときどき肉や魚も食べる、逆にときどき意識して肉や魚を食べない日を設けるといった「フレキシタリアン」（Flexitarian：フレキシブルとベジタリアンの造語）も登場した。

裕福で働く必要のない有名なロックスターも健康に気をつけて世界中を飛び回っている。以下の4人は未だに現役バリバリ。偶然かもしれないが全員ベジタリアンである。個人差があるとはいえ、私たち社会における高齢者や労働力の定義・年齢区分も変わっていくだろう。

ボブ・ディラン……ノーベル文学賞受賞。しわがれ声で歌う吟遊詩人。1941年5月24日生まれ79歳（2020年末現在・以下同）、ポール・マッカートニー……ポピュラー音楽史上最も成功した作曲家。1942年6月18日生まれ78歳、ミック・ジャガー……73歳で8人目の子どもが誕生。健康マニア。１９４３年7月26日生まれ77歳、マドンナ……言わずとしれたポップス界の女王。和食党。１９５８年8月16日生まれ62歳。

ポール・マッカートニーは、菜食主義を地球温暖化問題、飢餓問題、動物への残虐行為を救う解決策と考えており、「ミート・フリー・マンデー」＝せめて週1回月曜日は肉を食べないという運動を積極的に提唱している。マドンナは完全菜食主義者のヴィーガン。肉や魚だけでなく、卵・乳製品・ハチミツも口にしないし、動物や魚の出汁もＮＧ。マドンナには日本人女性のパーソナル・シェフが10年に亘り「マクロビオティック」（玄米や野菜を基本とする食事法）を提供していた。

第2章

グローバル経済で見る日本の食と農業

経済力の多様性、独自性では断然の世界一

前章で、日本の「幸福度」は低くなる一方で、「ブランド力」は世界一であることに触れた。実はもう1つ、ブランド力以上に日本の揺るぎない世界一の座を示す指標がある。

資源のほとんどない我が国は、第2次世界大戦後に高度成長を遂げた。GDPは中国に抜かれたとはいえ、今なお世界第3位の経済大国だ。日本貿易振興機構（ジェトロ）によると、2018年の輸出額上位10か国の内、日本は中国、米国、ドイツに次ぐ第4位。日本の輸出依存度は低下傾向にあるものの、自動車やハイテク製品の輸出で黒字を稼いできた歴史がある。

どのような国がどのような製品をつくり、時として関連するサービスとともに、どの国や地域に輸出しているのか。日本の輸出力を支えるものは何なのか。

端的に「輸出力とは何か」の疑問に答えてくれるのが経済複雑性指標（ECI：Economic Complexity Index）である。ECIは、ハーバード大学グロース・ラボとマサチューセッツ工科大学（MIT）メディア・ラボにより提唱された。

複雑性（Complexity）とは、システム用語で「多数の部品が入り組んで配置された何らかのものを特徴付ける」言葉である。非常に理解しにくいが、日本語の「複雑性」というより「独自性」の概念で捉えればわかりやすいかもしれない。

ＥＣＩは、国家全体の経済システムの生産力の特徴を測る指標である。具体的には、国の多様性の度合いに加えて、輸出品目の独自性を示している。私はこの本質を「模倣できないオリジナルなもの。または、模倣が極めて難しく、模倣してもオリジナルに及ばないもの」と解釈する。

ＥＣＩが高いということは、①輸出品目が多岐にわたっている、②付加価値、オリジナリティが高く他では真似ができない品目が多い、③多くの国で通用する、ということを物語る。本書の趣旨に即した結論を先に言えば、日本の食品・農産物は、工業製品と同様に、独自性の高い商品やサービスとなるべきだろう。これによって強い競争力が獲得できる。

では、ＥＣＩのランキングでは日本はどうなっているだろう。なんと、ハーバード大、ＭＩＴともに第1位、しかも、ＭＩＴランキングでは１９８４年以来30年以上、ハーバード大でも確認できる１９９５年以来、いずれも第1位を独占し続けているのである。

日本は広い分野で高付加価値を獲得

あらためて、ＥＣＩのランキングを見てみよう。

ハーバード大学の発表では国ごとの産業や品目が1枚のマップの中に陣取りゲームのように

◆ECIランキング

ハーバード大（2018年）			MIT（2017年）		
順位	国	指数	順位	国	指数
1	日本	2.43	1	日本	2.31
2	スイス	2.17	2	スイス	2.24
3	韓国	2.11	3	ドイツ	2.08
4	ドイツ	2.09	4	シンガポール	1.87
5	シンガポール	1.85	5	スウェーデン	1.81
6	オーストリア	1.81	6	韓国	1.78
7	チェコ	1.80	7	米国	1.76
8	スウェーデン	1.70	8	フィンランド	1.71
9	ハンガリー	1.66	9	チェコ	1.64
10	スロベニア	1.62	10	オーストリア	1.63
11	米国	1.55	11	イギリス	1.53
12	フィンランド	1.55	12	スロベニア	1.43
13	イギリス	1.51	13	アイルランド	1.40
14	イタリア	1.44	14	フランス	1.39
15	スロバキア	1.41	15	ハンガリー	1.38
16	フランス	1.37	16	スロバキア	1.34
17	アイルランド	1.36	17	イスラエル	1.31
18	中国	1.34	18	オランダ	1.30
19	メキシコ	1.29	19	デンマーク	1.16
20	イスラエル	1.20	20	イタリア	1.12
22	タイ	1.17	24	カナダ	1.06
26	マレーシア	1.03	25	マレーシア	0.97
27	オランダ	0.98	27	ロシア	0.85
39	カナダ	0.65	32	タイ	0.71
42	インド	0.54	33	中国	0.69
49	ブラジル	0.21	37	ブラジル	0.61
64	ロシア	- 0.04	45	インド	0.36
（133か国）			（125か国）		

出所）ハーバード大：ATLAS Country Complexity Rankings
https://atlas.cid.harvard.edu/rankings
MIT：Economic Complexity Legacy Rankings (ECI)
https://oec.world/en/rankings/country/eci/

表示され、日本では自動車、自動車部品、ＩＣＴ（情報通信技術）などが大きな面積を占めている。いわゆる先端技術だ。

日本は様々な分野で高い付加価値の製品・サービスを輸出しているが、食品・農産物の輸出においても優位性を獲得したい。貿易戦争のリスクを下げることができるし、特定市場の景気が悪化した場合、他の市場に振り向けることができる。

右表にオーストラリアは掲載していないが、同国の輸出は天然資源に大きく依存し、貿易も中国への依存度が高い。すなわち産業構造と貿易相手国の両方でリスクが高いため、ハーバード大で87位（マイナス０・５３）、ＭＩＴで59位（マイナス０・０９０）と意外に低い。

中国はハーバード大で18位（１・３４）、ＭＩＴで33位（０・６９）。Ｇ７に属するカナダがハーバード大で39位（０・６５）、ＭＩＴで24位（１・０６）であるから、ハーバード大の中国への評価の高さがわかる。中国は１９９７年には繊維製品が輸出の25％を占めていたが、２０１７年には15％に縮小。２０１７年は電子機器が27％で1位、機械が22％で2位、繊維製品は3位。中国は太陽光発電パネルやドローンの製造で世界のトップシェアを誇っている。

ところで、ランキングというのは特定の尺度・判断基準や時間軸を設定した、ある分野の評価にほかならない。国全体としての評価は多元的なものであるから、ランキングは一歩も二歩も引いて客観的に見たほうがよい。日本が上位にあるのは喜ばしいが、優越感や自信過剰は戒めるべきだろう。「ランキングの罠」に陥らないようにしたい。

余談になるが、MITのサイト「PANTHEON」には著名な歴史的人物として、以下の人たちが紹介されている。外国人と食事をするときに話のタネになるかもしれない。裕仁昭和天皇、明仁上皇、松尾芭蕉、葛飾北斎、黒澤明、宮崎駿、織田信長、宮本武蔵、徳川家康、紫式部。

スイッチング・コストの高い農業を目指すべき

前章では、世界トップである日本人の平均寿命の見地から、それを支える日本の食と農業について触れた。他方、世界トップのECIの見地からも、食と農業を考えてみる必要がある。

ECIが高いこと、すなわち、複雑性の高いことは、模倣が難しいほど独自性があるということ。消費者が簡単に他の商品やサービスに切り替えようと思っても「それでないと満足できない」と感じる人がたくさんいて支持してくれる。自動車でいえば、日本車やドイツ車がそれに当たるだろう。

複雑性の獲得は容易ではない。自動車部品を考えてみよう。鉄、アルミニウム、樹脂、ガラス、ゴム等の素材から電子制御装置や半導体まで多岐にわたる。関連産業を含めると裾野が広大で、国家を代表する巨大ビジネスとなっている。

食・農業も数ある産業の１つである。したがって、収益力と持続可能性を合わせた「経営」が必要となる。経営である以上、商品やサービスの特徴と魅力を十分知ったうえで、成功するための方法を考えなければならない。消費者側のスイッチング・コストが極めて高い「やっぱり、これでないとダメ」という商品やサービスが理想的だ。

スイッチング・コストとは、ある商品から他の商品に、あるブランドから他のブランドに切り替えるときに発生する費用をいう。金銭的な費用に限らず、切替えに伴う習熟や慣れに要する時間や心理的コストなども含まれる。

食・農業の分野では国際的に取引される小麦、トウモロコシなどは、スイッチング・コストが高くない。需要がひっ迫している時以外は複数の生産国から買える。

日本の農業は、スイッチング・コストの低い商品では勝負できない。生産性や効率性を重視した生産方法で一生懸命コストを下げても限界があり、国際競争力を備えることができない。

日本の農業に適した施策は何だろう。特徴、品質、品種の豊富さなど、これまでに培ってきた技術をベースとして、さらなる強みを加えた、日本独自のクオリティ農業を追求するべきだ。その１つは「健康」と断言してよいだろう。

バランスの良い日本の給食を世界に

マレーシアでは、全国の公立小学校の生徒270万人を対象に、2020年1月から無料で朝食が提供されることになった。「栄養バランスのとれた朝食を成長期の小学生に提供し、健康的な食習慣をつける」というのが同国政府教育大臣の説明だ。きっかけは教育相が2018年11月、マハティール首相とともに訪日した際に視察した東京都内の小学校の給食システムだということ。

マレーシアはASEAN諸国において子どもの肥満率が最も高いといわれる一方で、体重不足や発育不全の子どもも少なくないという二重の課題がある。6~17歳の子どもの4人に1人が朝食を取る習慣がない。また、朝食抜きの比率は低所得者層のほうが高いとの調査報告がある。マハティール首相は、日本や韓国に学べという「ルックイースト政策」の提唱者として知られている。日本の給食制度にならい、配膳から後片付けまで生徒が行うことで、自立した習慣や規律の涵養も期待しているという。

肥満度の高い国といえば、米国。国民の40%が肥満で、子どもでも3人に1人が肥満といわれる。そんな米国にも学校給食がある。

米国の給食の歴史は100年以上に及ぶ。1990年代からファストフードメーカーが進出し、ハンバーガー、ピザ、フライドポテト、コーラなどを提供。2005年には全米半数以上の学校にファストフードメーカーが給食サービスを行っていた。

ところが、2010年よりミシェル・オバマ大統領夫人が肥満撲滅キャンペーンを立ち上げ、予算も獲得したうえで児童の肥満増加防止に努めるようになり、風向きが変わってきた。学校給食に理解のあるシェフに実際に学校に出向いてもらい、美味しくて健康的な給食をつくってもらう試みも行われた。近年では、カロリーや脂肪の過剰摂取を押さえるため、ハンバーガーの代わりに、野菜や肉などの詰め物を柔らかい小麦のトルティーヤなどで巻いた「ラップサンド」も提供されるようになってきた。

米国では給食にかかる費用のほとんどが国費で賄われ、国~学校~企業のルートで支払われている。学校給食は企業ビジネスとして、大手ファストフードメーカーが多額の利益を得ている。農務省が定めた給食の栄養バランスに関するガイドラインもあるが、企業は、ケチャップはトマトからできているから野菜、フライドポテトもじゃがいもだから野菜、といった無理筋の説明で栄養バランスが取れていると説明する。改善されつつあるとはいえ、米国の給食にはまだ問題が多いようだ。

その点、日本の給食は主食、主菜、副菜、乳製品、果物という5つの要素から構成されており、バランス食の見本といえる。栄養士が献立を考え、1日に必要なエネルギーの3分の1が取れる。

この優れたシステムとサービスを世界に広くアピールして、需要のある国や地域に輸出してはどうだろう。

社食やODAでも食の海外進出を

学校給食だけでなく、社員食堂にも世界進出のチャンスはある。グローバル企業では従業員も多い。企業にとって、健康的で美味しい食事の提供は健康経営の一環であり、従業員に対する魅力的なインセンティブとなる。

空港、駅、高速道路などの施設でレストラン運営を受託する企業としては、イタリアのアウトグリル、英国のSSPグループ、フランスのエリオールがトップ3である。こうした企業にプロモーションをして、日本食レストランや日本食の提供先を増やす営業活動も意義があるだろう。食材は現地調達と「メイドインジャパン」のミックスが理想的だが、事情を考慮して臨機応変に対応する必要もあるだろう。

グーグルはカフェテリアの食事が充実している。日本支社のメニューは日替わりで、20品目以上からすべて無料で選べるうえ、大変美味しいらしい。スペイン料理フェアなどのイベントで飽きさせない工夫もあるという。

製造業やサービス業などでは、職場環境の維持改善で用いられるスローガン「５Ｓ」（整理・整頓・清潔・清掃・しつけ）が浸透しているが、これに「食」を加えて「６Ｓ」とし、コミュニケーションを円滑化する考え方が出てきている。工業製品に限らず、食であっても工夫や安全・安心につながる「清潔」は日本人の得意分野だろう。

世界全人口のうち、栄養の行き渡らない人、すなわち飢餓の割合は１９７０年には28％だったが、２０１５年には11％に減少した。とはいえ、２０１９年の世界人口は77億人だから、今なお９人に１人、８億人以上が飢餓に苦しんでいる。

日本が途上国支援のために行うＯＤＡの無償資金協力でも、飢餓や貧困の撲滅のための割合を増やし、栄養のある食べ物の提供や学校給食を取り入れたら、本当にその国家や国民のためになると思う。いわゆる箱物ＯＤＡは、病院や小学校建設であっても建設後のメンテナンスが長続きしないことがある。食の支援は命をダイレクトに救う。ＯＤＡを含む海外支援において、食の優先順位を高めてはどうだろうか。

海外での事業を推進する場合、現地パートナーとの提携に気をつけなければならない。国ごとの文化・慣習、法律・法令、衛生基準、栄養のガイドライン、調理方法や保管・保存のガイドライン、包装、物流（輸送・流通）など、確認すべきことは多岐にわたる。法的には問題なくとも避けたほうが望ましい事柄もあるだろう。

食という安全・安心が求められるプロジェクトは、小さなエラーが重大事故につながる危険性が高い。意味もなく恨みを買って故意に事故を起こされる可能性もないとはいえない。その国・地域で信頼の厚い大手企業や団体とがっちりスクラムを組んで実行することが望ましい。

貿易自由化50年で消費が減ったグレープフルーツ

日本でグレープフルーツ離れが進んでいる。2019年の報道で知ったが、その消費量は過去10年で60%以上減ったとのこと。近年、グレープフルーツは血圧降下剤と一緒に食べると相性が悪いと報道されているが、それゆえに不人気となったわけではないだろう。

総務省による家計調査の収支項目分類は「家計消費の変化に対応するため、原則として消費者物価指数の基準改定年に合わせて5年ごと」に見直しされている。これまで消費項目の1つとして扱われていたグレープフルーツは消費支出に占める構成比が継続的に低くなっているため、「他のかんきつ類」に統合される可能性があるという。

このニュースにはいささか驚かされた。グレープフルーツは、対日貿易赤字に大きな不満を持っていた米国の圧力に屈して、1971年に日本が受け入れた輸入自由化のシンボルであり、同時に、日本の食のシーンが豊かになっていく象徴であった。

これに伴って、日本のみかん農家が大打撃を受け、多くが廃業を余儀なくされるとの議論が沸騰し大きな社会問題となった。みかん生産農家、農協等の関連団体、支援する国会議員が猛烈に反対し、テレビや新聞でも大きく報道されたことを記憶している。

かくして、1個700円前後の高級な果物であったグレープフルーツは、自由化後には輸入枠があった時代の約50倍の数量が輸入され、市場価格も大幅に安くなった。

このような食品の輸入自由化はたびたび行われており、その都度、我が国市場への深刻な影響が懸念された。一方、米国にとって、オレンジ、グレープフルーツ、牛肉は大量かつ安価に生産できる食材であり、輸出攻勢には格好の品目であった。輸入自由化となった主な品目は次のとおり。

●1963年……砂糖、バナナ
●1971年……豚肉、グレープフルーツ
●1991年……牛肉、オレンジ
●1999年……コメ

コメの場合は、関税さえ払えば誰でも自由にコメを輸入できるため、「自由化」ではなく「関税化」と呼ばれることが多い。ただし、1キロ当たり341円という非常に高い関税が課せられるため、輸入量は低く抑えられている。

さて、再度グレープフルーツの消費の現状を見てみると、2008年の年間消費支出は1世帯当たり589円だったが、2017年には231円と半分以下に減っている。

同様の統計で他の果物は左表のとおり。全体的に支出を減らした果物が多いが、グレープフルーツほど大きく減った例はない。

◆果物の1世帯当たり年間消費支出

	2008年	2017年
グレープフルーツ	589円	231円
オレンジ	473円	524円
みかん	4,124円	3,757円
りんご	4,177円	4,252円
バナナ	4,218円	4,022円
いちご	3,072円	2,629円
ぶどう	1,991円	2,214円
梨	1,686円	1,525円
スイカ	1,226円	1,130円
桃	1,170円	984円
メロン	1,260円	943円
柿	967円	932円
キウイ	810円	1,340円

出所）農林水産省 HP より編集

みかんはオレンジやグレープフルーツより格段に人気がある。美味しく、健康維持にも優れた栄養を含むかんきつ類として消費者の支持を失っていない。みかんが日本の市場で踏みとどまった背景には、農家や関連団体・事業者の熱心な努力があったに違いない。一方、結果論だが外国産グレープフルーツを警戒しすぎた一面もあるかもしれない。

海外で好まれるｍｉｋａｎ

個人や国民的な嗜好の違いはあるものの、日本のみかん（温州みかん等）は２０１７年で５億円輸出されている。同年の野菜・果物の輸出総額３６６億円の１・４％という小さな数字だが、甘くて美味しく、色・形・キズの少なさなど外見もきれいなため、評判が高い。高額にもかかわらず、カナダ、台湾、香港、ニュージーランド、米国でよく売れている。

カナダではクリスマスの時期に欠かせないとして、クリスマスオレンジの名前で親しまれている。米国では「テーブルオレンジ」という名前で呼ばれ、テレビを見ながら手元を気にせず楽に皮がむけることから「ＴＶオレンジ」との俗称もあったと聞く。しかし、「ｍｉｋａｎ」もずいぶん浸透してきた。

日本のみかん輸出の歴史は古く、１８９１年のカナダ・バンクーバー向けにさかのぼる。日本最大のみかん輸出港、博多港を管轄する門司税関の資料によると、２００４～２００５年の全国のみかん輸出量は４９００トン。しかし、リーマンショックによって円高が進行し、カナダでは安価な韓国産や中国産に切替えが進んだことなどから、２０１０年前後には２０００トン台半ばに落ち込んだ。その後、３０００トンにまで挽回するが、２０１０年代後半から再び減り続け、２０１７年には１５００トンとなっている。

それでも、台湾、香港などのアジア富裕層を中心に、美味しくて安全な日本の温州みかんへの関心は高い。

農産物の輸出には政府の役割が大きい

ＴＰＰやＥＰＡの発効は日本の農業に壊滅的な打撃を与えるとして、断固反対を主張する論客は多い。しかし、世界の現実は、自国の主張だけを相手国に呑ませるほど甘くはない。落としどころも含む交渉を通じて、できるだけ自国に有利な条件を獲得するよう努力するしかない。食・農業を取り巻く環境の変化は、世界情勢の変化に伴う。国際協調は困難でも続けざるを得ない。そうでないと総合的には自国の不利益になってしまう。食に限らず、すべてを国内で賄おうとすれば調達力、価格、品質上のリスクとなるだろう。私たちの暮らし・社会・経済の枠組みはかなり脆い。このことを頭において、実情に即したその時々のベストの方法で対応していくしかない。

輸出を持続的に成長させるには、民間だけでなく官の役割が重要だ。どの省庁が輸出拡大のリーダーを担うのか。これまではっきりしていなかったが、２０２０年4月、政府は農林水産物輸出拡大の司令塔として農林水産省に「農林水産物・食品輸出本部」を立ち上げた。

この司令塔は関係省庁を総合的に調整し、厚生労働省の輸出に関する審査業務も農水省に移される。農水省は国際交渉を担当し、国・地方自治体・事業者の連携促進などの対策を実行していく。２０１２年には４５００億円であった農産品の輸出額は、２０１８年には９０６８億円と倍増し（前年比12％増）、政府目標の「２０１９年1兆円」は達成できなかったものの、輸出拡大は成長戦略の核として「２０３０年5兆円」を目標に、さらなる拡大が期待されている。

民間の登録検査機関を活用した輸出用審査の迅速化にも期待したい。産地の近くで検査できる機会が増えれば、申請が増えて輸出拡大につながる。海外各国の基準に対応するための民間検査機関育成策が検討されればさらに有効だ。

欧米向けの牛肉輸出にはＨＡＣＣＰ（ハサップ）の取得が必要だが、ＨＡＣＣＰの認定を受けた国内加工施設はいまだ不十分だ。ＥＵ向けの二枚貝は自治体による水質モニタリングが必須だが、審査機関は不足している。中国向け輸出は保健所と水産庁からそれぞれ証明書を発行してもらう必要があるが、申請が煩雑と指摘されていた（日本経済新聞夕刊２０１９年6月3日）。

農業は政府の適切な役割が比較的うまく機能する産業といえるだろう。民間だけでは上手に対処できない問題が多いことに多くの人が納得するのではないか。うまくいくなら、あるいはうまくいかせるためなら、個別事情に応じて行動することが必要だろう。「官、民、いずれか」という意見はいただけない。

グローバル化が当たり前のように進み、世界を相手にする競争力が求められる今の時代は、技術だけでなく知恵の使い方で差が広がっていく。民間部門の成長には公的部門の支援が必要な場合があり、そうであれば、それを支持し活用したいものだ。より良い将来のために、これまでと違うことも積極的に試してみようではないか。

2010年代に農林水産物輸出額が急拡大

世界有数の貿易大国、日本。2015年6月に改訂された日本再興戦略において、政府は2020年の農林水産物・食品の輸出額1兆円の前倒し達成を目標に掲げた。

農林水産物・食品の海外への販路拡大は、国家の基本方針である。2012年に4497億円だった輸出額は2015年に7451億円に増加、その後も堅調に推移し2018年には9068億円となった。しかし、2019年は9121億円にとどまり目標達成できず。原因は、品目では農産物、牛肉、コメ、日本酒などの伸長に対して、イチゴ、りんごなどの果実、植木が落ち込んだこと、地域では香港、韓国向けが落ち込んだことによる。

香港向けは金額的に真珠が最も多いが、民主化デモに象徴される政情不安によりなかなか輸出できない状況が続いている。真珠の主な買い手は中国本土からの中国人だが、大規模な

◆国・地域別農林水産物・食品の輸出額（2019年）

順位	輸出先	輸出額（億円）	対前年比（%）	輸出品目 1位	2位	3位
1	香港	2,037	- 3.7	真珠	なまこ（調製）	たばこ
2	中国	1,537	14.9	ホタテ貝（生·蔵·凍）	丸太	アルコール飲料
3	米国	1,238	5.2	ぶり	アルコール飲料	ソース混合調味料
4	台湾	904	0.1	りんご	アルコール飲料	ソース混合調味料
5	韓国	501	- 21.0	アルコール飲料	ソース混合調味料	ホタテ貝（生·蔵·凍）
6	ベトナム	454	-0.9	粉乳	さば	さけ·ます
7	タイ	395	-9.2	かつお·まぐろ類	さば	いわし
8	シンガポール	306	7.7	アルコール飲料	牛肉	小麦粉
9	オーストラリア	174	7.8	清涼飲料水	アルコール飲料	ソース混合調味料
10	フィリピン	154	- 7.0	合板	製材	ソース混合調味料
—	EU	494	3.2	アルコール飲料	ソース混合調味料	緑茶

※「ソース混合調味料」はソースのほか、マヨネーズ、ドレッシング、焼き肉のたれなど
※「アルコール飲料」の内容は、清酒、ウイスキー、ビール、リキュール、焼酎等、その他（ワイン等）の順

出所）農林水産省食糧産業局　https://www.maff.go.jp/j/press/shokusan/
首相官邸　https://www.kantei.go.jp/jp/singi/nousui/pdf/himmoku6.pdf

デモが始まった２０１９年６月以降は香港への訪問が減っており、真珠を含む宝飾品の売上げが落ち込んでいる。韓国では、日韓対立の影響で日本から輸出するアルコール飲料が減った。中国向け輸出は前年比14・９％増であったが、２０１８年通年の32・８％増からは鈍化した。

政府は２０２０年３月、２０２５年の２兆円、２０３０年の５兆円の輸出目標を正式に決定したが、世界の政情不安や国家間の対立に加え、新型コロナウイルスの世界的感染拡大により、当面の拡大は難しくなった。

しかしながら、基本的に貿易立国である日本にとって、経済連携の推進は国策であり、輸出企業にとっては関税削減を通じた輸出競争力強化の面で大きな意義がある。海外で投資を行っている企業やサービスを提供する企業にとっては、

海外事業を展開しやすい環境整備が促進されるだろう。

農産物輸出品の第1位はアルコール飲料

ここで貿易における農林水産物のポジションをみてみよう。

2019年（暦年）の日本の輸出総額は76兆9317億円、米中貿易摩擦の影響を受け、前年比5・6％減となった。内、農林水産物の輸出額は9121億円と、輸出全体の1・2％に過ぎない。

2019年の農林水産物輸出額上位20品目のうち、2015年比で最も増えているのが「牛肉」である。2015年：110億円→2019年：297億円と2・7倍の伸びで、10年前と比べれば約6倍となっている。日本では2001年にBSEが発生し輸出はほとんどできなかったが、2013年に国際機関である国際獣疫事務局から、BSEリスクを無視できる「清浄国」の承認を受け輸出が拡大、政府もプロモーションに努めた。元々、日本牛肉の評価が高い中で、2010年代には中国の需要が急増した。香港、台湾への輸出額が大きいが、トップはカンボジア。カンボジアを経由して中国に入っていく。

伸び率第2位は「粉乳」、つまり粉ミルクだ。2015年：56億円→2019年：113億円

◆農林水産物の輸出入額　上位品目（2019年分）

（単位：100万円）

順位	輸　出	金額	輸　入	金額
1	アルコール飲料	66,083	たばこ	598,699
2	ホタテ貝（生鮮・冷蔵・冷凍・塩蔵・乾燥）	44,672	豚肉	505,078
3	ソース混合調味料	33,657	牛肉	385,119
4	真珠（天然・養殖）	32,897	とうもろこし	384,109
5	清涼飲料水	30,391	生鮮・乾燥果実	347,049
6	牛肉	29,675	アルコール飲料	305,597
7	ぶり（生鮮・冷蔵・冷凍）	22,920	鶏肉調製品	263,773
8	なまこ（調製）	20,775	木材チップ	260,013
9	さば（生鮮・冷蔵・冷凍）	20,612	製材	229,387
10	菓子（米菓を除く）	20,156	さけ・ます（生鮮・冷蔵・冷凍）	221,816
11	たばこ	16,375	冷凍野菜	201,473
12	かつお・まぐろ類（生鮮・冷蔵・冷凍）	15,261	かつお・まぐろ類（生鮮・冷蔵・冷凍）	190,906
13	丸太	14,714	えび（活・生鮮・冷蔵・冷凍）	182,774
14	緑茶	14,642	大豆	167,316
15	りんご	14,492	小麦	160,592
16	播種用の種等	13,108	ナチュラルチーズ	138,536
17	粉乳	11,263	鶏肉	135,675
18	練り製品	11,168	コーヒー生豆	125,290
19	スープ　ブロス	10,982	天然ゴム	122,641
20	植木等	9,288	合板	120,103
	総額	912,095	総額	9,519,761
	内・農産物	587,753	内・農産物	6,594,559
	林産物	37,038	林産物	1,184,811
	水産物	287,305	水産物	1,740,391

出所）農林水産省「農林水産物輸出入概況」

の202％である。新興国でも女性の社会進出が進んでいるため需要が急増している。一時、訪日中国人の粉ミルク買い占めが報道されたが、日本製の安全性への信頼が大きな理由だろう。最近はベトナムやカンボジアなどへの輸出も増えている。

伸び率第3位は、農林水産物輸出品目で第1位の「アルコール飲料」だ。2019年の661億円は2015年比で169％だが、2006年の14億円と比べれば、なんと471％になる。661億円のうち、「清酒」のシェアが最も高く35％、以下「ウイスキー」（29％）、「ビール」（14％）、「リキュール」（10％）の順。近年では、日本食レストランや一般消費者向けの需要が高まっており清酒の人気も急上昇している。また、世界で五指に入るジャパニーズウイスキーやビールの評価も高まりつつある。残念ながら、ワインについては国産の生産量が少なく、アルコール飲料輸出額全体の0・3％でしかない。

伸び率上位で意外な品目が「植木」。実は、2019年は前年比ダウンとなったが、2018年では2015年比157％だった。マツやツツジなどが、富裕層の好む日本風の庭用として中国やベトナムなどで人気が高い。日本では戸建て住宅が減少したため植木需要も減っていたが、海外に目を向けて商材となった。

輸入はどうだろうか。2019年の総輸入額は、前年比マイナス5％の78兆5995億円。内、農林水産物の輸入金額は9兆5198億円。輸出額の約10倍であるとともに、輸入全体の12％

にも上る。

日本の食料供給は輸入に偏っており、世界の食料自給の変動や供給国の政策に影響を受けやすい。輸入を大きく減らすことは無理としても調達先（輸入国）の多角化の検討は必要だろう。これだけ輸出入のギャップが大きいと食料自給率との関連も無視できない。日本人の食料需要に自国の資源でどれだけ応えることができるかは、食料安全保障の問題とも関連している。

コメの国内消費減を輸出で取り戻せるか

農林水産物輸出のコメ関連では、「コメ（援助米を除く）」の２０１９年輸出額が46・２億円で前年比で23％の増加、２０１５年比では１０７％も増加している。輸出先トップ３は、香港、シンガポール、米国の順。

「清酒」も前述どおり右肩上がりを続けており、２０１９年は２３４億円で２０１５年の１４０億円から67％も増やしている。「米菓（あられ・せんべい）」も健闘しており、43億円と２０１５年比11％増。

コメ関連の好調の背景には、農林水産省が２０１７年に立ち上げた「コメ海外市場拡大戦略プロジェクト構想」も挙げられる。国内のコメ消費量が年間約10万トン減少している中で、コメ農家の所得を向上させるには、輸出拡大が重要な課題となる。このプロジェクトは、戦略的輸出事業者と連携し、日本酒・米菓の原料米換算分を含む日本産米の年間輸出目標を10万トンとしている。ただし、2019年の実績は3万4851トンと、目標にはまだ開きがある。

2020年9月末時点で、74事業者がプロジェクトに参加、目標数量の積上げ合計は14万トンに達している。輸出基地となるのは団体・法人254産地、都道府県・国単位の集荷団体、合計21団体。輸出先は中国、台湾、香港、マカオ、シンガポール、タイ、ベトナム、マレーシア、モンゴル、米国、カナダ、EU、スイス、オーストラリア、ロシア、中国をターゲットとしている。

文字どおりの戦略的プロジェクトであり、意義はとてつもなく大きい。長期的視点に立って10万トンを中間目標とするくらいの意気込みで取り組んで欲しいものだ。

経済連携協定は国際競争力を助長する

2018年12月に「TPP」、2019年2月に「日EU経済連携協定」、2020年1月に「日米貿易協定」と、大型の自由貿易協定が相次いで発効してきた。経済のグローバル化とその恩恵をしばしば感じる一方で、世界第1位、第2位の経済大国である米国と中国の対立は、通商面のみならず安全保障も大きくからむ覇権争いで、中国は広域経済圏構想「一帯一路」をアジア、欧州、アフリカで推進するのが国策だ。

新型コロナウイルスや香港自治などで米中両国が対立している。現状が好転しないと経済がブロック化する懸念がある。資源が少ない貿易立国の日本にとって、ブロック化はサプライチェーンの機能不全につながる可能性があるし、地政学上も同盟国の米国より中国との距離が圧倒的に近いため、日本は国際経済と安全保障の両面で難しい立場にある。

公平で自由な貿易の拡大とＥＰＡ（経済連携協定）の推進を通じて、世界に経済連携のネットワークを張り巡らせて、より大きな市場を獲得していくことが日本の成長には不可欠である。多国間協調の重要性を訴え続けていくことは日本の役割といえるだろう。

２０１９年１月〜10月までの食品・農林水産物の輸出額を見ると、ＥＵ向けとＴＰＰ発効国向けが高い伸び率を示した。ＥＵ向け輸出額は前年同期比10・７％増、ＴＰＰ向けは４・５％増であったが、世界への輸出額全体は１・８％増にとどまっている。ＥＵ向けでは発効前に最大１００リットルあたり32ユーロ課税されたアルコール飲料の関税が、ＥＰＡで即時撤廃となった効果で２割以上輸出が増えた。牛肉の関税も撤廃されて３割輸出が増えた。

ＴＰＰ発効国向けでは、ベトナム向けのサバの関税が即時撤廃となったため輸出額が４割増え、牛肉も輸出額が約４割増える結果となった。

農業においては経済連携協定への強い批判がある。関税が撤廃されれば価格競争が加速し、安い海外産農産物が日本市場を席捲し、日本の農業に壊滅的な打撃を与えるとの危惧がある。

価格競争によって日本の農業がダメージを受けるとの指摘は一部の品目については確かだろう。しかし、日本に輸入される食品・農産物の関税は多くの品目において、日EU経済連携協定やTPP発効前においても、すでに相当低い水準にあった。また、前述のようにEPAやTPPの効果で輸出が増えている品目もある。

新しい動きもある。調味料の塩麹は最近欧米で注目度が高く、「Shio koji」を投稿するレシピが登場、「Umami」の調味料としてフランス人の一流シェフにも当たり前のように使われるようになった。「Yuzu」「Matcha」などの人気も高まっている。

いずれにしても、日本の農業は今後ますます競争力を高めていく必要がある。競争力を高めるとは値段を下げるということに限らない。日本の食品・農産物の品質の高さ、新鮮さ、安全性はよく知られている。高級な野菜や果物、牛肉、花、ブランド米、日本酒、ウィスキーなどは海外の富裕層に人気が高い。

ユネスコ無形文化遺産にも登録されて世界的なブームになっている日本食。日本食レストランの海外展開も輸出を後押しする。2006年には約2・4万店だった海外日本食レストランの数は、2017年には11・8万店、2019年には15・6万店に増えている。

第3章
利益ある農業を考える

農業は知財と大いに関係がある

有名ジャーナリストの池上彰氏のテレビ番組を観ていたら「これから日本が儲ける手段としては、投資・サービス・知的財産の3つが重要」との発言があった。深い共感を覚える。知的財産は経営資源であるから戦略的に活用すべきだろう。

これまでの日本企業の知財戦略は、どちらかといえば、紛争に備えての専守防衛を行うことが中心であった。近年は、知財情報を新しい事業に生かすことを目的とした「攻めの知財戦略」が広がり始めている。

知財というと、特許や商標などの権利化を想像させるため、工業製品などと親和性の高いイメージがあるが、農業は幅広い経験と蓄積された知識の上に成り立つ高度な産業であることを忘れてはならない。

農業は1次産業だから知的財産とは距離があると誤解する人がいるのかもしれないが、実際は、気象、土壌、土木、水利用・灌漑、動植物、種苗、化学、栽培・収穫器具、IT・AI、栽培・収穫のノウハウ、経営など、広範な知識と経験を踏まえた高度な知的集約産業である。

農業における知的財産とは、特許や商標のように明確に権利化されたものだけでない。独自の生産技術やノウハウ、優れた品種、食品や農産物のブランド価値（商品の商標、容器の意匠）、栽培データ、加工・輸送（搬送方法、品質管理方法）、顧客リスト・取引先情報、人的ネットワークなども「知的財産」に含まれる。

すなわち、農業は生産・加工現場におけるノウハウだけでなく、輸送、販売に至るまで知的財産権との関わりがある。種苗を例に挙げると、育成者権での保護だけでなく、栽培方法に特徴ある工夫がある場合は特許権で保護できる場合もあるだろう。このように1つのものに複数の知的財産権が認められることもある。

知的財産に値する貴重な情報が、
①どの程度ノウハウとして認識されているか
②財産的価値を有する可能性をどの程度認識しているか
という課題として捉えると、農業現場においては、まだまだ向上の余地が大きいと理解している。①と②がきちんと認識されているとしても、これらのノウハウを体系的に整理のうえ管理している生産者や経営体は少数派だろう。

貴重なノウハウの蓄積には長年の経験や専門的知識の蓄積が必要となる。したがって、ノウハウの供与を前提とした「技術供与契約」や「フランチャイズ契約」を行い、契約の相手先からきちんと対価を受け取ることはもちろん、契約には秘密保持条項や競業避止条項を含めて自らの利益を法的に守ることが必要だ。

知財を守り経営に生かす

私たち日本人は一般的に善良で、性善説に立つ人が多いと思う。本来であれば秘密にしておくべき価値ある情報を、無償で安易に提供してきた歴史があるのではないか。特に農業では、ノウハウのデータ化および管理と保護による、その経済的価値の維持がビジネスとして重要だ。知財戦略で、自社の強みとなる技術やノウハウを特許取得するなどして独占することをクローズ戦略といい、自社の強みにならないものを標準化したり無償開放したりすることをオープン戦略という。両方を組み合わせることがオープン・クローズ戦略だ。農業もオープン・クローズ戦略に則り、無償提供により自らの技術を浸透させる選択もあるだろうが、情報・ノウハウの秘匿化、特許取得、ライセンス化などの状況を見逃してきた機会損失は計り知れない。

自らの農業知財の強み弱みを理解して、経営に生かしている農業従事者の比率は未だに低い。知的財産を農業経営の進路を決める重要な戦略として位置付け、経営に役立てるようにしたい。

農業の知的財産権は海外との接点も多いので、全農、政府、地方自治体による力強い支援や専門家である弁理士の活躍も大いに期待される。海外との関係は全体的な戦略の中で考えるべきだが、許されない事態がある。日本ブランドを狙った詐欺ともいえる商標出願が後を絶たない。桃、りんご、ぶどうなどの日本産ブランド農産物の模倣品の横行や、まったく関係のない第三者が商標出願するといった事態も起きている。

岡山県特産品でＪＡ全農おかやまが商標を持つぶどう「晴王」（品種：シャインマスカット）が中国で第三者により商標出願されたため、中国当局に異議申立てをしたことがあった。コメでは、タイやベトナムで日本産と偽装表示しただけでなく、「○○県産」や日本の実在の会社名を記載した現地産ジャポニカ米が「コシヒカリ」などの有名ブランドとして販売されている事例もある。

日本が守るべきブランドについては、監視を強めて、問題発覚の際には店頭からの撤去と生産者・販売者へのしかるべき対抗措置を求めるべきだろう。こうしたＧメンのような仕事は手間暇がかかるが、二国間関係はこうした「知」や「文化」分野で円滑なほうが好関係で長続きする。食・農業の知財についての不正排除は外交の観点からも克服すべき課題と思う。

一方、農林水産物や加工品などの地域ブランドを保護する地理的表示（ＧＩ：Geographical Indication）の活用が進んでいる。

２０１５年6月「特定農林水産物等の名称の保護に関する法律」、いわゆる「ＧＩ法」が施行された。ＧＩマークは基準を満たす産品や加工品のみに付され、他の産品との差別化が図られる。高い品質や評価を得ている特性が産地と結び付いている産品について、その名称を知的財産として保護する制度である。

お馴染みのところでは「但馬牛」「神戸ビーフ」「夕張メロン」「越前がに」「いぶりがっこ」など。2020年12月23日現在、105の産品が登録されている。農林水産省のホームページ（地理的表示保護制度登録産品一覧）で検索すると、美しい写真とともに特性などの詳細が記載されている。ぜひご覧いただきたい。

遺伝子組換え食品であることの「表示」は必須

農業に関する科学的な技術に品種改良がある。収穫量が多い、病気に強い、などそれぞれ特徴のある品種を掛け合わせて双方の特徴を獲得する技術で、コメがそうであるように、太古の時代から品種改良がなされてきた。

1970年代になって、生物の特徴の設計図ともいえる遺伝子を人為的に操作する遺伝子工学が発展してきた。従来の品種改良のように、親同士を掛け合わせるのではなく、特定の遺伝子のみを〝組み込む〟技術が遺伝子組換えである。これによって、自然界では発生しえない品種が作り出せるようになった。

現在のところ、日本では遺伝子組換え作物の商業的な栽培はほとんど行われていないが、海外から輸入されるトウモロコシ（約1500万トン）の80％、大豆（約320万トン）の90％、菜種(約240万トン)の80%は遺伝子組換え作物といわれている。そうであれば、表示義務のない家畜用飼料、食用油や加工食品の原料として、私たちは間接的に大量の遺伝子組換え作物を消費している。このことをしっかり認識すべきだろう。

遺伝子組換え食品が市場に出始めてから20年以上経つが、今もその是非について論争がある。賛成派と反対派の意見の違いは、安全性、生態系などへの影響、倫理観、経済性などであるが、消費者にとって最大の関心は安全性である。厚生労働省や関係機関は、必要な規制をしたうえで、安全性を継続して検証、モニタリングする必要があるだろう。

遺伝子組換えであることの「表示」は必要最低限の規制と考える。すなわち、表示があれば消費者は遺伝子組換え食品を食べるかどうか選択できるし、食べた結果の影響についても推測できるかもしれない。健康への影響が出たら、原因を究明できるようにしておかなければならない。このため、開発者は開発内容を記録する必要があり、販売者はその内容を理解し、表示によって責任を持つ必要がある。

表示が不要または任意ということになると、何が起こっても検証できず、何ら責任が問えない。野放しの状態で新しい技術開発や応用が進むと無秩序な混乱状態になってしまう。情報の記録と公開(表示)は事故発生の確率を低め、発生した場合の対処に指針を示すだろうし、「知ることができない」「選択ができない」といった不信感をぬぐうことになる。

安全性が高いといわれるゲノム編集食品

近年、遺伝子工学の新しい技術として「ゲノム編集」が注目されている。人為的に遺伝子を操作する点では遺伝子組換えと同じだが、遺伝子そのものを組み込んだり組み換えたりする遺伝子組換えに対し、ゲノム編集は、その生物が持つ全遺伝情報＝ゲノムの狙った部分を切ったり繋げたりして編集する技術である。

そのため、従来の育種技術や自然界の突然変異で起きうる変化と同等とみなされ、安全性審査を不要とした。厚生労働省は、「ゲノム編集で開発した一部の食品は従来の品種改良と同じである」として、同省の安全審査を受けなくとも届出のみで流通を認める方針を固めた（日本経済新聞2019年3月19日）。

一方、「遺伝子組換え」は、外部遺伝子を対象とする作物に取り入れて突然変異を起こし、害虫への耐性、収穫量向上といった特性を持たせるが、今なお審査の対象となっている。

ゲノム編集では、2013年に「クリスパー・キャスナイン」（CRISPR-Cas9）技術が第3世代の編集ツールとして報告された。夢のバイオテクノロジー技術と呼ばれる新しい遺伝子改変技術であり、DNA二本鎖を切断してゲノム配列の場所を削除、置換え、挿入することができる。

クリスパー・キャスナインの開発者は2020年のノーベル化学賞に輝いた。この技術は基礎研究のみならず、応用研究にも利用価値が高い。ヒトを含む哺乳類だけでなく、野菜・果物、魚類はおろか、細菌を含む膨大な種類の細胞や生物のゲノム編集や修正に利用されている。まさに生命科学分野の革命が起きたといえる。

ゲノム編集による作物としては、養殖マダイに比較して筋肉量が約１・２倍の大きさのマダイ、モミを大きくしたり増やしたりして収穫量を向上したイネ、血圧上昇を防ぐ「ＧＡＢＡ」を多く含むトマト、アレルギーなしの卵、などが開発されている。

ゲノム編集作物にしろ、遺伝子組換え作物にしろ、日本では消費者視点からの社会的容認が遅れている。その理由は、これら作物や加工食品の長期的摂取の影響が誰にもわからないからである。

安全性を心配する消費者は多い。せめて表示による選択の権利を得ることが重要だ。新しい技術であるため、「遺伝子情報の公開」や「安全性の評価審査」を含む長期的検証が欠かせない。消費者の意見にも耳を傾けてもらいたい。

ゲノム編集作物に関する主な海外の動きを見てみよう。米国では植物については規制対象外。ＥＵでは欧州司法裁判所が２０１８年７月、ゲノム編集を遺伝子組換えと裁定したが、ゲノム編集作物の販売そのものを全面的に規制する裁定ではないという。実際のところ、ＥＵ各国の規制は異なり、輸出入はその国の規制に則る必要がある。ニュージーランドは最も厳しい規制をしており、ゲノム編集作物を遺伝子組換え作物と同じ規制対象としている。安全の求められる先端技術をどのように社会に受け入れるか。海外動向もチェックしながら慎重に普及を検討していくべきだろう。

農業は経営ゆえに純利益を意識する

農業は儲からないといわれる。本当だろうか。企業が参入しても撤退する事例も多く、本質的に儲からないとの極論もあるようだ。しかし、人手不足が深刻な農業に対し、さらに儲からないというレッテルが貼られては、お先真っ暗になる。

日本の食・農業の将来は国内需要が縮小するので世界を相手にせざるを得ないが、ここ10年くらいで食に対する意識が変わり、それに応える形でニーズも変わってきた。

動物の肉ではなく植物由来のタンパク質で肉を置き換える「代替肉」、動物の細胞から人工培養でつくられる「クリーンミート」など、新しい〝肉〟が生まれる一方で、家畜や動物の幸福を追求した「アニマルウェルフェア」、食料を輸入している国において、自国で生産すると仮定したときに必要となる水の量を推定した「バーチャルウォーター」の考え方など、食料革命といって差し支えない変化が起こっている。世界レベルでは人口増加に加え、健康、安全・安心といった共通意識があり、経済連携協定が進みマーケットは拡大している。

そんなに農業が儲からないなら、国内外問わず世界的な大企業までも農業に進出するだろうか。そうは思えない。農業の奥深さと個別の事情による環境の違いから万能処方箋はないものの、農業で儲けるために必要な心構えや対策はあると思う。

農業特有の難しさを曖昧なままにせず、具体的に見えるようにすれば、改善の方法も見えるだろう。農業に限らず、仕事にはしばしば根性論や精神論が存在するが、そのために農作業が終わらなければ経営が成り立たなくなるし、魅力ある仕事として若者を惹きつけることはできない。

そのために必要な意識改革が、農業を経営として捉え、目標を純利益とすることではないだろうか。具体的には以下のとおりである。

●利益への意識…経営マインドと採算へのこだわりの結果としての「純利益」確保
●営業力の強化…マーケットインの考え方を徹底する。何を売るか、誰に売るか、どの位売るか。客先の望む品質、サイズ、価格、供給の調査と対応。製造業のものつくりと共通
●生産効率と費用対効果の意識…品質向上にこだわり過ぎて芸術品のコストになっていないか。芸術品のニーズはあるが限られている。まとまった数量（ロット）を、いくらで、いつ納入

するか、といった契約ベースのスケール感が大切
●年間を通じた出荷計画の作成…収量予測ができれば客先・マーケットへの信用が増す
●単位面積当たり収穫量の増加の追求…機械化の可能性
●ＰＤＣＡサイクルで軌道修正
●記録の保存・分析とデータ化…良い発見は特徴ある資産となり知財となる

農業ゆえの大きな問題は天候などの自然災害だが、このリスクには天気予報を基にした対策と農業保険（収入保険・農業共済）で備えることが最も実際的と思う。

新規参入する場合は、成果が出るまでのタイムラグを理解する必要がある。種蒔きまでの期間、収穫から販売までの期間、販売代金振込までの期間などについて、きちんとした資金計画を立て販路拡大もしながらビジネスを軌道に乗せるには、どんなに短くても3〜4年はかかるのではないか。

だとすれば、成功には資金も重要な要素だ。地域社会や住民との調和や情報交換も必要。理屈でうまくいかないときは、現場のプロに教えを乞う謙虚な姿勢も欠かせない。

ＷＡＧＲＩによる農業データの活用

それでも残る農業の難しさとは何だろうか。それは、農業の現場で発生する問題と、その解決策のマッチングの難しさにあるのではないか。解決策は情報や技術であったり、それらを含む複合的なものだろう。経験や勘といった匠の技も、できるだけデータ化して経営改善や生産性向上に役立てることが重要だと思う。

従来、日本の農業データは、公的データであっても団体や組織に分散して存在するため、相互にフル活用できる環境になかった。ところが、データ連携・共有・提供機能を持つプラットフォーム「農業データ連携基盤」（ＷＡＧＲＩ）が２０１９年４月より稼働し、ＷＡＧＲＩ協議会には２０２０年12月末現在で民間企業を中心に４５０の会員がいる。

ＷＡＧＲＩ活用の例として、農業の現場に先端技術を導入し効果を実証する「スマート農業実証プロジェクト」が２０１９年より全国69地区でスタートした。この中には作業計画や経営状況を一元的に管理するシステム開発に取り組んでいる地域もある（農林水産省資料２０２０年１月31日）。

農業において、収穫量、土壌、農地、市況、気象などの共通データの整備が進めば、投資費用は節約できる。対象とする品目や内容が拡充すれば、流通、食品製造、輸出振興などと連携し、生産から流通・加工・消費まで一気通貫のデータ相互交換が可能となる。この取組はスマートフードチェーンと名付けられており、2023年の実用化を目指した研究プロジェクトが進められている。

WAGRIのデータ連携サービスとその応用はぜひとも継続して、具体的に発展させてほしい。日本の農業に共通基盤をつくり活用すれば、農業の将来像と産業構造を大きく変えていけるはずだ。国際競争力を高める有力な施策にもなる。普及啓発のためにWAGRIの認知度を高める必要もあるだろう。WAGRIを有効活用すれば儲かる農業の一助となるだろう。大いに期待したい。

アグリテック、フードテック、スマート農業

農業のIT化を「アグリテック」、食料のIT化を「フードテック」と呼ぶ。これらの目的には、持続的な農業・儲かる農業の達成も含まれると理解してよいだろう。

アグリテックと似たような意味を持つ「スマート農業」は、農林水産省によると「ロボット技術やICT（情報通信技術）等の先端技術を活用し、超省力化や高品質生産等を可能にする新たな農業」と説明されている。ICTに消極的な傾向のあるベテラン高齢者のノウハウもうまく

取り入れて、日本農業の技術的競争力を高めていく必要がある。うかうかしているとアジアの新興国に後れを取るだろう。

スマートフォンを使う農業用アプリもあり、作業記録はもちろん、農薬調整、病害虫や栄養状態の画像認識、農地での距離測定、農産物販売などができる。スマホに加えて、ドローン、ロボット、ＧＰＳ（全地球測位システム）があり、ＡＩやＩＣＴとの組合せがある。

ドローンとＡＩの組合せだけでも、ピンポイント薬剤散布（必要な量を必要な場所に）、農地撮影および生育診断・収穫時期判断、牛追い・羊追い、獣害対策（農地保護と鹿などの追い払い）などがある。

ロボットは特に「収穫と運搬の自動化・効率化・軽労化」が期待され、いちごやアスパラガスの収穫ロボ、茶の無人適採機、レタスなどの野菜運搬ロボ、草刈りロボ、無人トラクター、作業軽減アシストスーツなどが開発されている。そのほかにも、ＩＣＴやＡＩは、水田の水管理自動化や衛星画像を利用した農地区画の自動判別といった、様々な技術に応用されている。

儲かる農業は、持続可能な産業としてのみ成り立つ。経営手法と先端技術の組合せで日本の農業の未来を明るく夢のあるものにしてほしいし、できると確信する。

技術の応用と改善は、日本が今なお世界をけん引する自動車産業との共通項もある。農業の生産性と競争力向上といった課題解決の先には、従来型の農業や物流にはなかった新しいビジネスや市場が生み出されるかもしれない。知財で儲けるチャンスもあるだろう。産学官民連携による成果達成のスピードアップ、啓蒙・教育(例としてアグリビジネススクール初級から上級・マスターまでの開校)も期待される。

待ったなしの日本農業。強い農業を実現しよう。変化への動機づけを持ち利益も含めて魅力的にしよう。

植物工場のメリットとデメリット

新しい農業技術による生産方法として、植物工場が注目されるようになってきた。通常、植物を育てるうえで必要とされる光、土、水のうち、主に光をコントロールして栽培するシステムが植物工場である。

植物工場の中で、グリーンハウスのように太陽光を利用したり、太陽光を補助として人工光を利用する半閉鎖型のものもあれば、閉鎖的空間において人工光のみで利用するものもある。光と水は必要だが、土は適切な栄養と環境があれば他で代替できる。特に近年では、ゲノム情報を活用したバイオ技術が進歩したため、様々な機能を持った野菜が誕生している。

植物工場には、以下のようなメリットがある。

①計画的な生産ができる……気温や気候の影響を受けずに通年栽培ができる。一定の品質の野菜を計画的に栽培できる

②制約的な要因が少ない……農業についての知識は必要だが、勘や経験に依存する要素が少ない。土壌の質の変化や病害虫の影響が極めて少ない

③付加的な加工コストが少ない……土を使わない場合、水洗いはほとんど不要。農薬の使用がなければ、さらに不要となる。栽培する側も調理する側も、水だけでなく人件費なども節減できる

④栄養素のコントロールや機能性野菜の栽培に適している……環境を安定させて外的要因を少なくできるため、機能性野菜などの栽培に適している

では、デメリットは何だろうか。私見も併せて述べる。

①建設にまとまった資金が必要。一般の露地栽培農家は植物工場への転換は困難……植物工場にはそれなりの建設コストがかかるため、投資できる力のある団体・農家が主体となるのは止むを得ない。複数の農家が小口出資して建設・運営するという手段もあるだろう。

② 生産コスト・運用コストが高いため、1個あたりの単価が高くなる……通年での収穫回数や数量を増やす、機能性や安心・安全をアピールするといった努力が必要。価格を下げる努力も必要だが、安定した価格、品質、供給を約束できることから、「露地物とは別の果物や野菜」という位置付けやブランド化により高付加価値を訴求する方法もある。

③ 販売先の確保と拡大が困難であり、それに伴うコストと時間がかかる……これは植物工場に限った話ではない。事業を計画する段階から誰にどのくらい売りたい、売れるかという販売計画は通常の農業経営でも必須である。市場や消費者という買い手の立場に立って、買い手が必要とするものを提供する「マーケットイン」の考え方が大切。それに対して、提供する側からの発想で商品開発・生産・販売を行う「プロダクトアウト」の考え方は失敗する確率が高い。現代は消費者が豊富な選択肢から好みのものを選ぶ時代。良いものをつくったら売れる、安いから売れるという時代ではない。

私は植物工場の未来は明るいと考えている。また、発展させる必要性が高いとも考えている。生産物の特性だけでなく、精度の高い供給スケジュールや安定した価格は、スーパーマーケット、コンビニ、外食チェーン、機内食などをつくる食品工場などにとってメリットがある。スーパーマーケット最大手イオンの子会社イオンアグリ創造は、大玉トマトの製造に特化した太陽光利用型植物工場を埼玉県久喜市に建設し、２０１７年6月から本格的な出荷を始めた。生産されるトマトはイオングループ店舗向け。年間を通じて十分赤くなってから収穫・出荷できるため、食味の向上と安定供給を両立しているという。

この工場は、農林水産省の次世代施設園芸導入加速化支援事業の1つである。２０１４年に、埼玉県、久喜市、イオンリテール、イオンアグリ創造の4者による埼玉次世代施設園芸コンソーシアムが発足し、２０１５年にＪＡ全農さいたま、埼玉次世代施設園芸トマト研究会が加わり準備を進めた結果だ。

栽培技術の特徴は、低段密植栽培による周年栽培、温度・光・水・二酸化炭素を24時間自動管理する閉鎖型育苗、夏季の冷房と冬季の加湿用途に好適な細霧冷房、ＩＣＴによる統合環境制御など。低コストで周年・計画生産を行い、農業従事者の所得向上と地域の雇用創出にも貢献している。

高級ワインはストーリーを持っている

世界で最も高値で取引される超高級ワイン、ロマネ・コンティ。ワインを飲まない人でも名前を聞いたことのある人は多いだろう。調べたところ、楽天市場では１９３５年産で

3850万円というマンションが買える値段と同等のもの、2000年産では396万円という立派な新品自動車が買える値段のものが売りに出ていた。収穫年や品質でばらつきがあり、200万円前後のものもあるようだ。

なぜ、このような途方もない値付けがされているのだろう。品質の良さもさることながら、希少性、歴史、投機的取引の対象、といった理由がある。さらに、背景、歴史、興味深いエピソードをまとめて語り継がれてきた物語＝ストーリーがあり、そのストーリーを知った人は誰かに話したくなるような気持ちを感じるだろう。本来、人はしゃべりたがりで酔えば饒舌。酔えば物思いにふけるだけでなく自慢や愚痴のひとつやふたつ、蘊蓄を語りたいときもある。

「優れた戦略とは思わず人に話したくなるような面白いストーリーだ」とは、楠木建・一橋大学大学院国際企業戦略研究科教授による経営学の名著『ストーリーとしての競争戦略—優れた戦略の条件—』のメッセージだ。

ストーリーの意義はビジネスの戦略に限らない。高級ワインには産地や畑の特徴や歴史、1本のワインをめぐっての諍いや争いまで、思わず人に話したくなる逸話がある。

ロマネ・コンティとは、フランス・ブルゴーニュのヴォーヌ・ロマネ村にあるピノ・ロワール種の畑の名前で、広さはわずか1・8ヘクタール。複雑な地層の土壌の上部は石灰質でやせているため、根が深くまで伸びて地中のミネラルをはじめとする様々な養分を吸収するという。

畑の耕作は馬で行い、農薬や除草剤不使用の有機栽培で育て、収穫は手摘み。熟成用の樽と熟成期間にこだわり、澱《おり》引きと濾過は最小限にとどめる。ワインの移動も重力を利用し、ポンプを使用しない。

時間と労力を惜しみなく注いだこのワインの生産本数は年間約６０００本。その味わいは「飲み手の魂を吸い取る」とまで賞されている。ヴェルサイユ宮殿を建造したルイ14世は、持病の治療薬として毎日少量のロマネ・コンティを飲んでいたという逸話や、この畑を手にいれるために王侯貴族が争ったという逸話もある。ただし、残念なことに、書画骨董と同様、市場には多くの偽造品が出回っているとのことで、信頼のおけるルートからの入手が重要とされている。

ロマネ・コンティに限らず、世の中にある魅力的なものには個性的なストーリーと存在感があるようだ。そこに熱心なファンの思い入れが加わる。こうして、いくつかの要素がある意味混然一体となって誰かを惹きつける。ワインや絵画は保存が効くために、投資や投機の対象ともなる。希少性も相まって、その存在感を社会にアピールしている。

高級品が高価格である理由は、手間暇のかかるコストの積上げだけではない。希少性、人気、話題性、ストーリー性、所有欲や自己満足などに支えられている。ワインに限らず、ロマネ・コンティのような超高級品は、その価値を認める人で、なおかつ金銭的に十分余裕のある人に買っていただければよい。信じられないような値段が付いた商品はニッチマーケットで取り扱われる贅沢品であるから、飲み物や食品であってもダイヤモンドと同じようなものだ。

ロマネ・コンティに限らず、米カルフォルニア・ナパバレー産の有名ワイン、日本では山梨県の甲州勝沼ワインなど、名産地のワインにはそれぞれの歴史やストーリーがある。日本酒では一躍有名になり海外での評価も高い「獺祭」の歴史にも感心させられるストーリーがあり、私の故郷、山形県の誇る上質な日本酒「十四代」にもストーリーがある。

世の中では、ちょっと無理すれば手の届く贅沢品が人気を博している。ストーリーは酒だけでなく数多くの食品や食材にある。初歩的で導入的なものは、野菜や果物などで示される生産者情報だろう。顔写真付きの生産者情報は、消費者に安心や信頼のメッセージを語りかける。

6次産業化では「利は川下にあり」

利益を生む、すなわち〝稼ぐ〟商品の価値を認めてお金を払ってくれるのはエンドユーザー、消費者だ。現代社会では、消費者が実際に手にしたり、体験したり、口に入れたりするところに「利」がある。利は川下、消費者との直接的な接点にある。原料を加工し、サービスを含む付加価値を付けて売るから利益が大きい。原材料をそのまま売るのは高品質であっても利益に限界がある。

農産物に限らず、素材の提供や中間業者の利益には限界がある。自動車業界を例に取ると、日本一の圧倒的利益を享受しているのは自動車を販売するトヨタであって、自動車に必要不可欠な自動車用鋼板や特殊鋼の製造メーカーではない。農産物の場合、その生産だけでは所得が十分でないレベルで頭打ちになってしまうことが多い。

新しい商品開発のための加工やサービスによって、付加価値が高まる。目新しい取組に挑戦し成功することで、消費者の満足と新たなマーケットが生まれる。生産者も所得の安定と向上につながるだけでなく、その後継者も農業に魅力を感じて、やりがいを持って生き生きと働いてもらえる。この意味で「農業６次産業化」の推進には大賛成だ。

農林水産省のサイトによると、６次産業化とは「１次産業としての農林漁業、２次産業としての製造業、３次産業としての小売業等の事業との総合的かつ一体的な推進を図り、農山漁村の豊かな地域資源を活用した新たな付加価値を生み出す取組」と紹介されており、事例や制度の情報だけでなく「６次産業化アワードと受賞者はいま！」といった情報も掲載されている。

６次産業化の考え方は日本の農業に馴染んでいなかったとはいえ、その本質は普通のビジネスと変わりないと思う。そのメリットは前述した利益に加えて、以下の点が挙げられる。

●規格外で捨てられてしまっていた農産物を利用できる

●加工品としてのブランド化により、商品、生産者、生産地域の知名度アップにつながり、それが他の商品やサービスの販売促進につながる可能性がある
●保存のきく食品として生鮮食料品とは別の販売ルートに乗せることができる

日本人の食生活は、過去20～30年の間に大きく変貌した。家庭の食卓の洋風化と多様化、食事の準備時間を短縮する簡便志向、高齢化、核家族化、単身世帯の増加、女性の社会進出と共働き世帯の増加、中食《なかしょく》市場の拡大、健康食品への関心など。「時間短縮」と「簡便化」の流れはますます加速していくだろう。こうした食の動向を踏まえると、新鮮な農産物以外のニーズを知り、ニーズを創出して、産地ならではの魅力ある商品を開発する取組は必須と思う。

6次産業化の根拠法である「地域資源を活用した農林漁業者等による新事業の創出等及び地域の農林水産物の利用促進に関する法律」、通称「六次産業化・地産地消法」は、２０１１年３月に施行された。「食料・農業・農村白書　平成30年版」によると、その法に基づく総合事業化計画の認定件数は年々増えており、２０１７年度末時点で２３４９件。経営区分では、法人が75・８％を占める。事業別では、加工と直売を組み合わせたものが68・４％、加工19・１％、加工・直売・レストラン６・９％となっている。品目別では、野菜31・７％、果樹18・４％、畜産

物12・２％、コメ11・８％、水産物５・５％という状況だ。

年間売上高はどうだろう。同白書に２０１５年度の加工・直売等の農業生産関連事業の年間総販売金額がある。農産物直売所９９７４億円、農産物の加工８９２３億円、観光農園３７８億円、その他農業生産関連事業４０６億円、合計１兆９６８０億円。前年の２０１４年度より１００８億円増加した。１兆９６８０億円は大きな数字に思えるが、６次産業分野が伸びる余地は大きい。輸出を視野に入れれば可能性はさらに広がる。

６次産業化を成功させる３条件

６次産業化を成功させる最低限の必要条件には、①マーケットインの考え方――どうしたら売れるのか、②特徴や工夫のある商品の開発、③経営に徹する、の３つがあると考える。

①　マーケットインの考え方――どうしたら売れるのか

日本の商品は高品質にもかかわらず、デザインやブランド力で海外製品に負ける場合が多い。店頭で売る際のパッケージの大きさやデザイン、売り場の作り方や雰囲気、販売員の服装や身なりといった要素は、マーケティングではとても重要になっている。おしゃれさ、かっこよさも大事だ。

消費者が手にする最終製品をつくらないとマーケットの動きがわからないし、関心も持ちにくい。消費者動向やマーケットの変化を鋭く察知する。そして、人材と資本の振分けを機敏に行う。

消費者との接点がなかった、または薄かった事業者は、市場・消費者に求められているものは何か、何が売れるのか、を考えて、マーケティング力を鍛え直す必要がある。それは我が国が得意としてきた工業製品だけでなく、食・農業の分野でも十分に当てはまる。「よいものを作れば必ず売れる」ということはない。

② 特徴や工夫のある商品の開発

値段以外に注目してくれる〝何か特別なもの〟が大切。岡山県などでは、普通のにんじんには含まれないリコピンを豊富に含み、栄養機能食品（栄養成分：ビタミンA）に認定された「こいくれない」というにんじんが生産されている。栄養価が高いだけでなく、味もよく、鮮やかな紅色も美しいため、タニタ食堂や高級志向のクリニックで使用されている。作付面積が少なく、なかなか需要に応えられないとのことだが、食が医療分野と連携した成功例といえる。

こうした特殊な機能がなくとも、地元の食材を利用し、新しく開発した味付けの商品を魅力あるパッケージで包み、量にもこだわる（多ければよいというものではない）ことにも特別感がある。この場合、味が真似されにくいことや商標登録が肝心だろう。

佐賀県のＪＡ伊万里では、地元の梨の果汁を入れた「伊万里梨カレー（伊万里牛入）」を作り、２０１８年には約１万食を売り上げるヒット商品となった。甘すぎず、なおかつ、梨の風味をふわっと感じさせるカレーの開発に苦労したそうだ。

伊万里市には「ＮＨＫ・きょうの料理クッキングコンテスト２０１４地元盛り上げ料理部門」でグランプリに輝いた「伊万里グリーンカレー」もある。カレーがいち押し商品で、どちらもネットで取寄せ可能だ。

③経営に徹する

複数の利害が異なる関係者が共同事業を行う場合は、役割分担、責任の所在と明確化、そして何よりも、事業を成功させようという強い意志による徹底的なコミュニケーション、創意工夫が欠かせない。過去に目立った自治体による「３セク」の失敗は、誰が本当の責任者がわからない無責任体制と右肩上がりのバラ色の事業計画を当然としたお気楽さであったと理解する。要するに真面目でなかった、他人事だったといえる。

江戸時代後期に農村復興政策を指導した二宮尊徳（二宮金次郎）は、「積小《せきしょう》為大《いだい》」という言葉を残している。小さな努力の積み重ねが大きな収穫や発展に結び付くとの意味だが、小事を疎かにしていては大事を為すことはできないとの意味もあるだろう。

町工場から世界のホンダを創った天才技術者、本田宗一郎のモットーは「現場・現物・現実」。84歳で死去する5か月前にこう述べたそうだ。

「若い者が自分の意見をどんどん出し合って、勝手なことをやるのが一番いいんだ。脱皮がないなら商売したってしょうがない。前に向かって進もうと努力しようとしないなら、そんな会社はつぶしちゃったほうがいい」（週刊現代2019年12月7・14日合併号）

サントリーの前身である寿屋に勤めていたこともある作家の開高健は、美食と酒についても多くを語った。「ロマネ・コンティ1935年」という、体験とも創作ともつかない作品を残しており「最後の晩餐」という作品もある。ここで紹介するとどんどん趣旨から離れるので遠慮するが、どちらも味わい深い内容である。

第4章

社会が変わり、食が変わる

ラグビー日本代表に見る国を選ぶ決断

２０１９年に開催されたラグビー・ワールドカップ日本大会の記憶と感動は、まだ薄れていないだろう。日本代表チームは準々決勝で南アフリカに敗れはしたものの、予選ではアイルランド、スコットランドなどの強豪・古豪を見事に破って決勝トーナメント進出、その快進撃に勇気づけられた人は多い。直前に起こった台風19号の猛威が引き起こした甚大な被害にお見舞いの言葉を伝えた代表チームの心温かい態度も印象に残っている。

長い間、ほとんど半人前扱いをされて注目度の低かった日本ラグビー。前回２０１５年のワールドカップ予選リーグでは、世紀の番狂わせと称賛された優勝候補の南アフリカ戦での勝利を含む3勝1敗の好成績を残したものの、スコットランド戦での大敗が影響し、決勝トーナメントには進めなかった。「最強の敗者」といわれた所以である。選手、ヘッドコーチ、スタッフが鍛錬に鍛錬を重ねた素晴らしい成長の成果に改めて拍手を送りたい。

ご承知のとおり、ラグビー・ワールドカップは出場選手に国籍要件を求めない。日本代表チームは日本人、日本国籍を持つ海外出身者、外国籍を持つ者の混成チーム。しかしながら、海外出身といえども一度ある国の代表を選ぶと、二度と母国の代表にはなれないというルールがある。このルールの重さを鑑みると、国を選ぶという決断には大きな覚悟が必要である。女子テニスで活躍する大坂なおみ選手は日本国籍を選んだが、超一流のアスリートとなれば、その選択の重さと影響は計り知れないものがある。

国内在住の外国人と多文化な社会

日本で暮らす外国人は２０１９年４月時点で約２５１万人。日本の総人口は1億２５９３万人（２０１９年４月）だから、全体の２％を超えてますます身近な存在になっている、観光や会議などへの参加で短期滞在した外国人は、２０１８年の1年間に３１００万人あまりに達している。改めて言うまでもないが、多文化な社会を成功させるためには何が必要かを考えて実行していくことが求められている。

ラグビー日本代表のリーチ・マイケル主将はニュージーランド・クライストチャーチ出身で、２０１３年に日本に帰化した。試合終了後に相手チームに日本刀のレプリカをプレゼントするなど、生まれながらの日本人でもできない思考と行動力の持ち主だ。

法務省民事局によると、１９５２年４月27日以前の帰化許可数は、わずかに３３３人。１９９０年代の後半から２０１０年までは、年間1万５０００人前後が帰化し、２０１０年代は年間1万人前後に落ち着いたが、それでも２０１９年までの累計帰化数は56万８２４２人。

すぐ隣に外国人が暮らし、サービス産業を中心に多くの外国人が活躍する日本は、人材においてすでにグローバル化しており、この傾向は進むと考えるのが自然だ。

ラグビーに限らず、国際試合は自国に対するナショナリズムを感じ、発露させる場でもある。「もともと生まれた国、国籍のある国」ではなく「この国を選ぶ、選びたい」という理由で国の代表になるという考え方は、これからも健全に支持されて理想の形になっていくだろうか。

ラグビー日本代表「ブレイブ・ブロッサムズ」（Brave Blossoms：勇敢に咲く花、勇敢な桜戦士）にグローバル化や多様性を見るのは容易だと思う。もうひとつ感じるのは「多価値」だ。それぞれのプレイヤーの身体的能力、個性、特徴によって期待される役割が異なる。プレイヤーは求められる役割（価値）を最大限発揮することにベストを尽くす。

仕事も同様。日本が選ばれる国となるにはどうすればよいか。農業が選ばれる職業となるにはどうすればよいか。論理的に考えて行動に移すしかない。

新ビジネス、スポーツホスピタリティー

「スポーツホスピタリティー」という、スポーツ観戦と飲食やショーなどを組み合わせて顧客をもてなすスタイルがある。日本では大相撲やプロ野球で行われているが、今回のラグビーワ

ールドカップでも行われた。

アイルランド対スコットランド戦では、横浜国際総合競技場近くに設けられた専用会場で、試合前から有名ホテル監修のコース料理が提供され、ラグビーの元代表選手によるトークショーなどが行われた。試合開始前に競技場に移動、最上級の客席で試合観戦という運びだ。

こうした接待は1人当たりの金額は高額になるが、美味しい食事と試合観戦を共有すれば取引先との仲も深まる。

延期となった東京オリンピック・パラリンピックでも、スポーツホスピタリティーは新しい観戦ビジネスとして、同様のプランがＪＴＢより発売された。1人当たり数万円から最高でなんと6百万円を超える超豪華版もあったが申込みが殺到、一部を先着順から抽選に変更したという。オリンピックのチケットとクルーズ乗船を組み合わせて船上でオリンピックにまつわる特別プログラムを行うメニューもあった。

食・農業ではコト消費を目指す

非日常の特別感や高揚感には、普段では味わうことのできない食事や飲み物が付き物であり、内容と品質は極めて高いものが求められる。飛行機のビジネスクラス、ファーストクラスの食事・飲み物がエコノミークラスより豪華なように、スポーツホスピタリティーに代表される体験重視の「コト消費」では、雰囲気や施設だけでなく、食事・飲み物が美味しく、満足感を与えてくれることが必要不可欠な要素として求められる。食事・飲み物を提供する立場にある人は、「コト消費」に参入できる機会を見つけてほしい。

体験・経験にまつわるビジネスを創っていければ理想的だ。縁日やお祭りでは、その場の雰囲気を味わいながら、少々高い焼きそばやたこ焼きを躊躇なく買ったりする。これも立派な「コト消費」。満足感、幸福感と結びついている。

「コト消費」をもう少し考えてみよう。商品やサービスに求められる価値は何なのか。肉、魚、野菜、果物、加工食品を問わず、消費者は自分の価値観やライフスタイルに合うと判断すれば商品を買い求める。商品やサービスの持つ個性やストーリーを、どれだけ消費者に訴えることができるか。味だけでなく、体験を通じた共感、感動にどれだけアピールできるか。

生産者や販売企業は、こうした仕組みを理解し提案しないといけない。特に、高価格帯ではその傾向が強い。商品・サービスに特徴ある価値があり、その価値を消費者が感じ取れるものでないと財布、カード、アプリを使ってくれない。その価値は幅広く多様化したが、共感を呼ぶ価値があれば売れる下地はできている。

スーパーマーケットやデパ地下を歩くと、鮮魚、野菜や総菜の美しさ、新鮮さ、豊富さにわくわくして小躍りしながら（気持ちだけにするが）、買い物をすることがあるだろう。消費者は店内の雰囲気や清潔感も含めて、買い物体験を伴う「コト消費」に敏感になっている。

また、「コト消費」は新鮮で楽しい。売り手がどれだけ価値のある商品・サービスや生活を彩る時間を提案・提供できるか。これからはますます大切になってくる。

農業体験そのものや農業体験に関連した消費も「コト消費」である。新鮮な気持ちとじわじわとした幸福感や満足感をもたらしてくれる。

食と農業、漁業、畜産業は、私たちの日常生活において最も根源的、かつ、身近な幸せである「食」を取り扱う。その記憶は味だけでなく、見る、聞く、嗅ぐ、味わう、触れるの五感を使って楽しむものだから、体験＝コトと深い関係があるのは至極当然のことだろう。

コト消費が広まってきた要因のひとつは、社会の多様化にある。少子高齢化の進展、共働き世帯の増加、女性の社会進出といった社会構造の変化に対応した食品やサービス、健康増進や病気予防に関連した食品やサービスが増えているだけではない。近年では、ベジタリアン向けだけでなく、ハラールやヴィーガンに対応した食品も知られるようになってきた。

こうした変化は多様化と多価値化と関係がある。多様化により選択肢が増えた。選択肢が増えたことにより多くの価値を知るようになった。

残念ながら、真面目に良いものを作っていれば売れる、という時代はとうの昔に過ぎ去っている。というより、そういう時代は、供給に対して需要が爆発的に大きかった戦後の物不足といった特別な場合を除いては、なかったかもしれない。物不足の状況ではモノが絶対的に不足しているのだから、多様化だの多価値化だの悠長なことをいっている暇はない。生きるために必死な状況では生存のための飲食が重要で、コト消費を意識したり求めたりしない。

現代のモノ余りの状況で、いかにして良い仕事をしてビジネスを創っていくか。「言うは易く行うは難し」のことわざどおりだが、食農従事者と消費者双方の幸せのために意識したいと思う。

人口が減れば食も変わる

厚生労働省が2020年9月17日に発表した2019年の人口動態統計(確定数)では、日本人の国内出生数は前年比5・8%減の86万5000人。1899年の統計開始以来、初めて90万人を下回った。出生数が死亡数を下回る「自然減」も、51万6000人と初めて50万人を超え、少子化・人口減が加速した。

小手先の少子化対策では効果が期待できない。第2子、第3子に恵まれたら、そのたび1000万円支給、住宅ローン利息や所得税・住民税の一定期間免除といった大胆な施策が必要と思うが、本論から離れるのでここでは控えておきたい。

人口減少や少子高齢化だけでなく、若者の晩婚化＝未婚率の増加、共働き世帯の増加＝女性の社会進出、単身世帯の増加＝近年では高齢者の単身世帯も増加、という傾向は今後も続くだろう。

人口が減っていけば食事の総回数は増えない。高齢化が進むので１人当たりのカロリー摂取量も減っていく。収入はなかなか増えないので財布に優しいことが大切。時間も節約。健康も大切。食べるという根源的な喜びだけでなく、食を娯楽として楽しむことも大切。

消費者の期待は、便利さや時短、健康、節約やお得感にあるようだ。近年は、こうしたコンセプトの商品が売上げを大きく伸ばしているが、今後も引き続き支持を拡大していくだろう。

便利さの一例では、「ひとり鍋」シリーズが挙げられる。豆腐、調味だれ、電子レンジ対応のトレーがセットで、約３分で１人前の鍋を作ることができる。牛乳パックの注ぎ口を高齢者や子どもが開けやすいキャップ式に変更し、売上げを伸ばしたという事例もある。

健康の例では、たんぱく質の重要性が消費者に浸透し、筋肉を鍛えるための飲料プロテイン、髪や肌の美容効果を期待したプロテインがある。タンパク質だけでなく、食物繊維も摂れる豆乳おからパウダーも人気だ。節約の例では、小ぶりなサイズのお菓子やヌードルが挙げられる。

一方、日本の美味しい家庭用の白飯は、食べる人と食べる機会が圧倒的に減っている。コメはいくら美味しく魅力的でも、主食用米飯としての消費量は減少していくだろう。したがって、業務用、加工用の需要を満たしていく必要がある。小麦アレルギーなどで悩む人たちのために、グルテンフリーとしての米粉パン、米粉麺の需要をアピールしていくことも大切だろう。

グローバルスタンダードとしての食の多様化

国内や海外の需要動向はどのように変化していくのか。2020年には世界の5人に1人が65歳以上になるといった劇的な変化だけでなく、人々の考え方は特に若い世代で変わってきている。そうした変化を敏感に理解して商品やサービスを提供していく必要がある。

要点を先にいうと、これからの食・農業に携わる人たちは健康やヘルスケアとの結び付きに配慮するだけでは不十分。個人向け、「パーソナライズ化」への対応が重要だ。

個人の好みは、よりいっそう細かくなってきている。その理由は、企業の販売戦略と個人のニーズの高まりにより、商品やサービスの選択肢が極めて豊富になってきたことが1つ。もう1つは、個人の選択の背景に「宗教」「アレルギーなど個人的な健康問題」「一般的な健康への関心」のほか、「環境問題」「動物福祉」（アニマルウェルフェア）などの社会問題がある場合も多く、そうした関心や思想・信条が消費行動につながっていることが挙げられる。

訪日外国人の約5％はベジタリアンやヴィーガンといわれ、日本での旅行や生活に大変な苦労をするという。訪日外国人の増加を望むなら、ベジインフラの整備が欠かせない。具体的にはグローバルスタンダートとしての食の多様化を進める必要がある。

ベジタリアンやヴィーガンに対応したレストランの検索サイト「ハッピーカウ」で、登録店数を調べてみた。２０２１年１月21日現在、アジア全体で１万８５３８店。日本は２５０９店で、東京が６４７店、京都１９６店、大阪１５５店となっている。

ヨーロッパには５万５５２０店もある。美食の国フランスが４３３１店、イタリア４３５２店、スペイン４３３６店だ。美食でない国、米国はなんと３万９４６８店。ニューヨークだけで３０３７店もあり、日本全体よりも多い。このハッピーカウは登録制ゆえ、実態を完全に反映しているとはいえないが、日本の状況はまだまだといわざるを得ない。

世界の人たちが「日本は食の慣習やルールにきちんと配慮している国」と評価してくれれば、訪日客も増え、国内消費も増える。宗教により避けるべき肉の種類が異なる場合でも、肉を使わないベジタリアンやヴィーガン料理なら一緒に楽しむことができる。

「旅行者向けの情報発信」「ベジタリアン・ヴィーガン表示の基準の明確化」「慣れていない飲食店への啓蒙活動」など、官民一体となって取り組むべき課題は多い。少数派の価値基準を尊重して、日本には不慣れなルールや仕組みをつくっていかなければならない。

急増するベジタリアン、ヴィーガン人口

ベジタリアン・ヴィーガン、さらにハラールなどへの対応は、日本が人格と個性を尊重し、支え合い、人々の多様な在り方を相互に認め合える共生社会となれるかどうかの試金石といえる。

欧米先進国でのベジタリアンとヴィーガンの人口増加は著しい。米国のヴィーガン人口は2009年にわずか1％であったが、2013年には2・5％、2017年には6％、数にして2000万人と推計されている。ベジタリアンとヴィーガンは特に若い世代に多く、米国ではその約半数が35歳未満。健康意識の高まりで、「肉の消費を減らした野菜中心の食生活が良い」と考えている国民は30％との報告もあり、今後も増え続けていくだろう。

ドイツでは人口の約10％がベジタリアンとヴィーガン。ヴィーガンが世界一住みやすい街といわれる首都ベルリンに限ると、15％と推測されている。スイスは約14％。イタリアも約10％がベジタリアン・ヴィーガンだ。

イギリスはヴィーガン発祥の地である。人や社会・環境に考慮した「エシカル消費」への関心が高まるイギリスでは、衣食住に「プラント・ベース」（原材料が植物性由来）の製品を利用する消費者が急増している。ヴィーガンの人口は2010年代中盤の4年間で約4倍に増加。2018年の英国ヴィーガンソサエティーの調査によると、15歳以上の人口の7％、325万

人がベジタリアン・ヴィーガンで、フレキシタリアンが50万人以上だ。

さらに、１年間で３人に１人が肉を食べることをやめるか控えるかしており、現在、英国では４分の１の家庭が肉を使用しない夕食を摂っているという。若年層を中心にこの傾向は拡大していく模様で、２０２５年までに英国総人口の４分の１がベジタリアン・ヴィーガンに、半数近くがフレキシタリアンになるだろうと予測されている。

アジアに目を向けると、インドのベジタリアン・ヴィーガンは、都市によって比率が異なるが概ね23～37％と非常に高い。インド同様、仏教由来の菜食文化が浸透している台湾では、人口の13％がベジタリアン・ヴィーガンだという。

日本のベジタリアン・ヴィーガン人口は4・5～4・7％という調査報告（２０１７年）があるが、サンプルサイズが小さく、実態は掴み切れない。

ところで、魚介類は寿司や天ぷらの代表的な食材であるし、肉類も、すき焼き、しゃぶしゃぶ、とんかつなど、日本人の食生活に肉・魚は根付いている。世界有数の長寿国で和食中心の食生活は健康と長生きの秘訣とされ、魚・肉料理は文化として定着している。健康への危機感も欧米ほど強くない。

しかしながら、精進料理の歴史と伝統もあり、日本食はベジタリアン・ヴィーガンとの親和性も高い。まさに多様性が日本の魅力。魚や肉料理を提供する飲食店でも菜食のオプションメニューが当たり前にあるのが理想的だと思う。

個人の自由を追求するリバタリアンが登場

前著『知っておきたい これからの情報・技術・金融』では、人類最初のデジタル世代といえる「ミレニアル世代」に言及した。1980年頃から2000年にかけて生まれたこの世代は、もはや世界で約20億人、総人口の4分の1以上を占めるに至った。

モノの所有欲が乏しいこの世代は、お金や物質的価値よりも、旅行や豊かな人間関係など、心の満足や精神的価値を追求する傾向がある。健康志向で、暴飲暴食をする人たちはほとんどいないだろう。政治社会の動きにも比較的関心が高い。

食についても、美味しさ、鮮度、栄養だけでなく、食材や食品がどのような場所でどのように作られたのかといったことに目を向けている。現代社会では、知識や知恵、信頼、人と人との関係、評判、文化といった目に見えない資産が重要になっている。ベジタリアン、ヴィーガン、フレキシタリアンの増加も、健康や宗教だけが理由ではない。デジタル技術の進化とネット革命により、世界で起きていることを地球規模で共有し共感できるようになったことが大きい。技術は人間の意識や行動を変化させる。

米国では若い世代を中心に「リバタリアニズム」（libertarianism：自由至上主義）という新潮流が広まりつつある。経済的自由については保守で、銃規制や社会保障費増額には反対するが、個人的自由についてはリベラルで、ＬＧＢＴＱ（Ｑはクィア、クエスチョニングの意味で、ひとつに決まるものではない、わからない、違和感がある、まだ決まっていないと思うなどに当てはまる）や経済の規制緩和には賛成。小さな政府を理想とするが、政府にはあまり期待せず、民間や自分たちの行動に軸足を置く。自らの信念に基づき独立して生きる。自分の自由は主張するが、相容れない他者とは相互不可侵の関係を持つべきと考えるので、カルト集団ではない。権威主義を否定する。

自由を追求するリバタリアンの思想が浸透してくると、個人の趣味嗜好、ライフスタイル、価値観に応えるオーダーメイドのような小ロットの商品がビジネスの主流となってくる。メーカーが効率性重視で製造した一定の品質、仕様、数量・サイズは人気の獲得や持続が難しい。

食材や食品加工品もその流れにあると思う。供給する側は面倒な一面もあるが、ニーズの多様化を反映した差別化によって利益を得るチャンスでもある。

グローバル化と情報化が進む現代。携帯電話を例として「ガラパゴス化」が話題となったことがある。ガラパゴス化とは進化論におけるガラパゴス諸島の生態系になぞらえた警句で、孤立した環境で「最適化」が著しく進行すると、領域外との互換性を失い孤立して取り残され、さらに、外部から適応性と生存能力の高い種が導入されると淘汰の危険に陥ることをいう。

食文化や食の産業も、ガラパゴス化を他山の石として、どんどん進化してほしい。ベジタリアン・ヴィーガン向けの精進料理や野菜寿司のさらなるプロモーションはもちろんのこと、人工の魚介・牛・豚・鶏肉などを使用した日本食のレシピを開発していただきたい。日本伝統の食の魅力に新しい風を吹き込んでいくことが、食のガラパゴス化を防ぐ処方箋だろう。

巨大マーケット、中国では都市化が進み中産階級が増えた。より質の高い消費への需要が高まっており、高級な食料品を専門的に扱うスーパーマーケットが成功している。

中国のある高級食料品スーパーの創業者は「顧客の71％は25～39歳の若者で、女性が60％を占める。質の低い商品を売る小売業は淘汰されるだろう」と述べている。

ところで、リバタリアンは米国に限らず、世界各国の若年層で増えている。日本国内でもその増加を実感される人が多いだろう。

なお、リベラリズムとリバタリアニズムは「経済的自由を重視するかどうか」で区別するとされ、リバタリアンとはリバタリアニズムの信奉者。ミレニアル世代にモノの所有欲が乏しいミニマリストがいて、リバタリアンはミレニアル世代の中にかなり多く存在する。リバタリアンとミニマリストは重複するケースもある。リバタリアンは自由・人権・環境などの社会正義への関心が強く、社会変革への意識も強い。

持続可能な農業市場を形成するフェアトレード

フェアトレードを直訳すると「公平、公正な貿易」。開発途上国の生産者の労働環境や生活水準を保証して、原料や製品を適正価格で継続的に購入できるようにすることをいう。フェアトレード商品の流通は日本でも増えてきた。

コーヒー、紅茶、チョコレート、カレーの原料、衣料品などがフェアトレードの対象となり、２０１８年の国内推定市場規模は約１２４億３６００万円。２００３年くらいから右肩上がりで伸びており、世界市場は約85億ユーロ（約１兆７４２億円）だ。トップは英国で市場規模は日本の20倍に当たる２５５０億円、第2位のドイツは１６８０億円である。ドミニカ共和国のバナナ生産者マリケ・デ・ペニャ氏は言う。

「商品の本当のコストを見ず、持続可能な価格を支払わずして、農業に未来はない。サステナビリティに取り組むことはオプションではない。マストなのだ」（認定ＮＰＯ法人フェアトレード・ラベル・ジャパン）

ペニャ氏はラテンアメリカ・フェアトレード生産者ネットワーク代表理事でもある。正に本質を捉えた言葉と思う。

第5章
農業を持続可能にする方策

人手不足と農業の立ち位置

日本社会の高齢化と人口減少を原因とする人手不足の深刻化と、その対応が議論されている。農業では、企業による新規参入や若者の新規就農といった歓迎すべき動きもあるが、農業従事者の割合が年々減少しているのは周知の事実だ。

日本のコンサルティング企業、パーソル総合研究所と中央大学の共同による「労働市場の未来設計2030」を見ると、日本全体で2030年の労働需要7073万人に対し労働供給は6429万人、すなわち644万人の人手不足が発生すると予想している。産業別では、サービス産業が400万人不足、医療・福祉が187万人不足する一方で、建設業は99万人の余剰、農林水産業・鉱業も2万人の余剰と予想している。

総務省統計局によると、全産業の就業者数は2009年の6314万人から2019年には6724万人と約6・5％増えているのに対し、農業・林業の就業人口は2009年の244万人から2019年の207万人と約15％の減少、高齢者化も顕著だ。農業で働く人たちは、各界の努力や一部の若者たちの就農へのチャレンジにもかかわらず減り続けている。この傾向は今後も続くと考えるのが現実的だ。

現在における農業の就業人口比率は、約3％という少数派である。少数派の意見は通りにく

◆産業別に見た2030年での人手不足予測

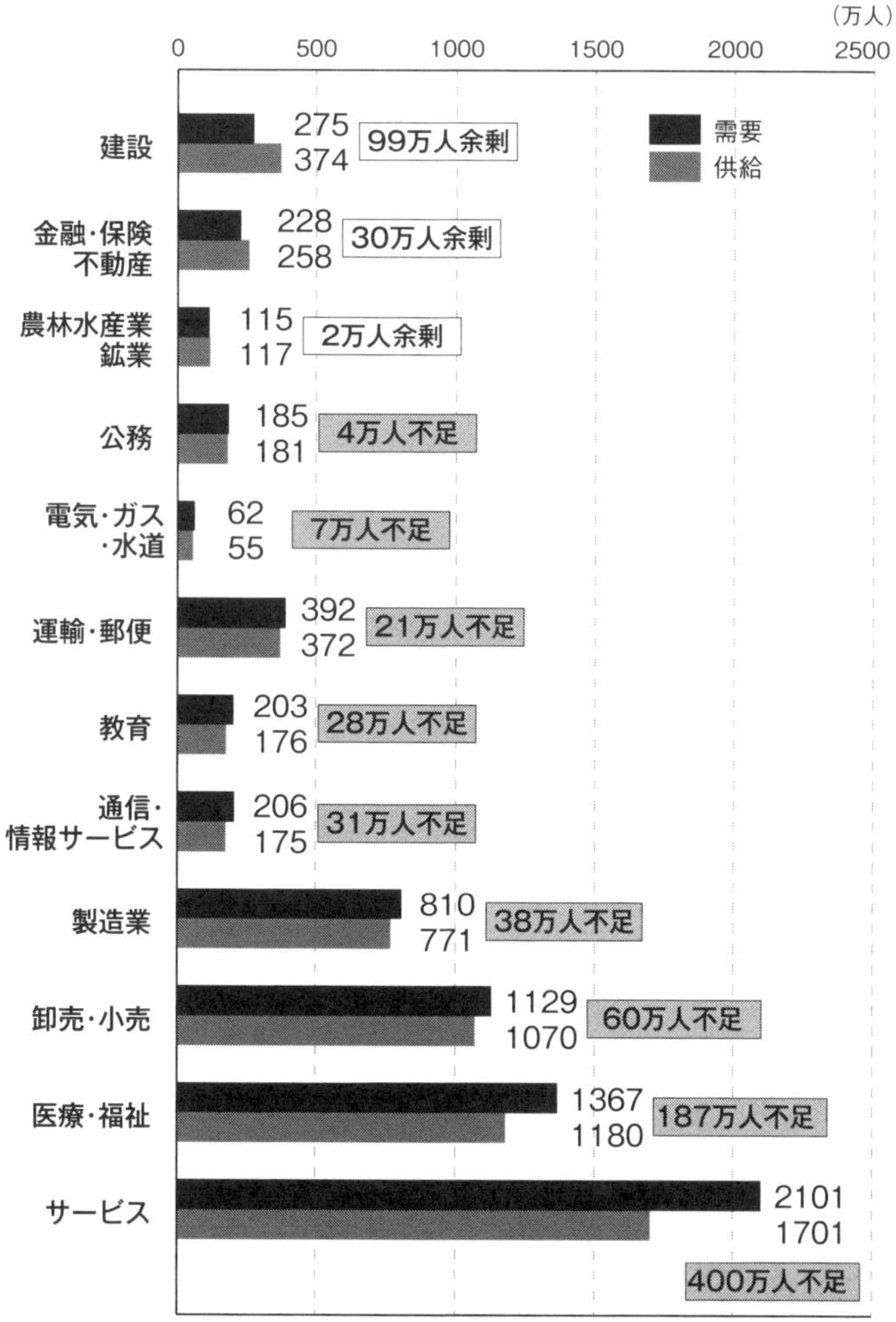

出所）パーソル総合研究所・中央大学「労働市場の未来推計2030」
https://rc.persol-group.co.jp/news/files/future_population_2030_3.pdf

く交渉では不利なことが多い。農業従事者とその支持者は、日本の社会経済における農業の意義をアピールするだけでなく、農業の持つ社会経済への影響力の大きさと重要性について説明していく必要がある。関係人口を増やしていく施策も大切だ。

過小評価されている農業

農業に特化する就業者は少数派だが、農業関連や農業から派生する産業と就労人口のインパクトは強力だ。一般社団法人日本フードサービス協会「外食産業市場規模推計・平成30年」によると、2018年の外食産業市場規模は25兆7692億円と推計されており、これに料理品小売業（重複する弁当給食を除く）を加えた広義の外食産業市場規模は33兆929億円となる。外食産業のみの最近の就業者数を確認することはできなかったが、総務省「経済センサス・基礎調査・平成21年」によると、飲食店の数は67万店、働く人は437万人となっている。

国内生産の農産物だけでなく、輸入品が大量に消費されているのはもちろんだが、外食という「食」をベースとした一大産業に、農業は雇用でも大きく貢献している。外食産業以外でも、物流、観光、医療・福祉、教育（給食）といった領域との結び付きが深い。食は私たちのカラダをつくる源で生活の基盤。農業を起点として関係する産業は多岐に亘り、その雇用数は多い。

日本経済への間接的な貢献は極めて大きいにもかかわらず、就業者数が少ないためにその重要性が過小評価されているのが日本農業の実態だ。「農業の間接的経済効果」の大きさと重要性を日本国民にあまねく知ってほしい。

外国人労働者に頼らずに関係人口を増やす

農業の人手不足を補うための方策が議論されている。２０３０年には、65歳以上の労働人口と外国人労働者の合計が約１２００万人に及ぶとの予測もある。

すでに外国人は多くの産業で活躍しており、移民受け入れの是非も議論されている。私は外国人受け入れには賛成の立場だが、期間限定の就労であれ移民であれ、人の受け入れとは、人間の基本的人権の尊重、生活、家族とその成長を受け入れる、重い責任を伴う社会的決断である。これを忘れて単なる労働力として扱うとドイツのように問題が起きる。

外国人の助けも欠かせないが、日本人で出来ることをもっと進めたい。スマート農業や物流・流通改革といった技術的側面ではなく、社会構造のあり方に関係することだ。

地方の人口減少と高齢化による地域づくりの担い手不足。この課題の対応策として、関係人口を増やすことが着目されている。総務省は、関係人口を「観光以上、定住未満の新しい人材の活動」と説明しているが、もう少し幅広い範囲で解釈してもいいと思う。

農業への理解を深め、個人それぞれの適度な距離感で農業を応援し、迎え入れる人たちもそれを言葉にして受け入れることが重要ではないか。地域の課題は、関係人口がある程度できたからといって即効性があるような簡単なものではない。しかし、農業や農村を理解し応援したいという人たち、特に、若者や子どもが増えれば、未来への大きな可能性が広がる。

関係人口の幅広い解釈では、都市に住むサラリーマンの期間限定農村生活、観光農園、農産物収穫体験、農泊体験、観光。リモートではふるさと納税の返礼品、ネット通販などのスポット的な貢献が挙げられる。収穫体験や農泊は、一般的な観光客向けのアピールとしては十分でないともいえるので、自然や景勝地訪問、地場のグルメ・名物料理との組合せ、小中高生の校外学習・修学旅行としての実施がふさわしいだろう。

都市と農村は物流による交流だけでなく、体験を通じた人と人との交流があってこそ、持続的な「関係人口」となり得るだろう。ビジネスとしての農泊は農林水産省も後押ししている。農泊に限らず、関係人口のプラスによる農業収入のプラスを持続していこう。

地域の働き手を増やすには、農福連携、半農半Xの2つが大きなテーマと思う。

障がい者や高齢者による農福連携のすすめ

「農福連携」とは、農業分野と福祉分野が一体となった取組で、障がい者や高齢者を農業分野で雇用することをいう。

２０１６年6月に政府が定めた「ニッポン1億総活躍プラン」から障がい者就労支援が本格化してきた。障がい者、健常者に関係なく、「働く意欲」のある多様な人たちが力を発揮できるような体制づくりが必要とされる。

全国にはいくつもの優良事例があるが、特に、障がい者雇用については以下の留意点がある。

●障がい者の持つ症状、能力や適性に応じて仕事を割り振り、仕事を支援する管理者やコーチの育成が必要。やる気や能力を引き出すためのサポートが大切

●障がいのある人たちを「障がい者」と一括りにしないこと。得意分野や適性に関係なく、限られた単純業務しか与えられなかったことに失望し離職してしまう人が多い。作業の習熟度やプログラムの難易度に合わせて次のステップに進むといった、潜在性を引き出す努力も大切

●障がい者を地域社会の一員として迎える。雇用者は利益を重視し、障がい者にもしっかり賃

金を支払う。障がい者への報酬は補助金などに頼っている部分も多い。給与総額としては一般的な給与との差をいかにして縮めていくか

内閣府ホームページによると、身体障がい者436万人、知的障がい者109万4千人、精神障がい者419万3千人となっている。複数の障がいのある人もいるので単純計算はできないが、国民の約7・6%が何らかの障がいがあることになる。障がい者は特別な人たちではない。障がい者が農業活動に参加した結果、精神面・身体面の状況が改善したという報告も多い。規則正しい生活習慣が身に付けば一般就労への訓練にもなる。

みんなが暮らしやすい社会の実現につながる農福連携は、農家・農業経営者だけでなく、政府・地方自治体・協力団体・地域住民の協力に加えて、私たちの理解も必要だ。障がい者が作った農産物や加工品がブランド品として広まることを期待したい。病院のリハビリ治療や福祉施設の健康づくりのために農作業を取り入れる動きもある。

収穫の喜びがやる気につながり、認知症患者が定期的な作業を通じて曜日を理解するようになったり、統合失調症や適応障害の患者はリラックスしたり集中することで症状が改善するという。農作業リハビリで身体機能が向上し手足の動きが良くなる。心にも安らぎをもたらす。

半分は農業、半分は生き甲斐に

「半農半X」というライフスタイルを耳にしたことがあるだろうか。総務省地域力創造アドバイザー、福知山公立大学地域経営学部准教授である塩見直紀氏が１９９０年代半ばから提唱してきたコンセプトで、持続可能な農業による暮らしをベースとして、残りの時間の「X」は自分の生きがいや天職などに使うという生き方のこと。Xにはサーフィン、ＩＴ、アートなど何でもあてはまる。古民家カフェを開くのもありだ。

半農半Xは、俗にいう働き方改革以上の意味があると思う。暮らしと生きがいをどのように両立するかという問題への有力な回答だろう。塩見氏がこの言葉を作ったのは、自らが生き方や働き方に悩んだ20代後半とのことだが、特に、都会の20代～40代の若い世代が関心を示しているという。

価値観の多様化と細分化は時代の流れでもある。自ら安全安心な農作物を作る半農、作った農作物を販売する半農、いずれの場合も、若い世代がＩＣＴを活用すれば生産性を高めることができ、その効果を地域社会に還元できるだろう。

半農を地方への移住を前提に考えるとハードルが高くなるが、ベランダや庭といった小さな面積での自給自足や、趣味のために土や植物に触れることにも意義がある。植物や農作物を育てる喜びや難しさを知ることで農業への理解が進み、感性も豊かになる。

何事によらず敷居が高いと先に進まない。誕生してから20数年を経た半農半Xという言葉を、どのように自分なりにアレンジするか。日本だけでなく世界に通じる考え方であろうし、「半」を50％としてこだわる必要もない。

願わくは半農の部分でも半Xの部分でも、個人的な充実感に加えて幸福感のシェアや文化・ビジネスの創造へつなげていってほしい。

兵庫県丹波市には「半農半公」という制度がある。農業の担い手不足を改善する対策の一つで、就農希望者などに対して、半分は農家として、半分は公務員として、農業技術を学びながら公務員としての所得を得るという制度だ。これに参加した宮東典正氏は、日本野菜ソムリエ協会主催の「野菜ソムリエサミット」において、２０２０年、無農薬無化学肥料で栽培した青首大根を加工した「切り干し大根」で金賞を受賞した。

丹波市のように行政が半農半Xを支援する制度の拡充を期待したい。個人の生き方を支持して、政策として発展させる意義は大きい。副業を認める企業に勤める人たちが農業を副業として農地におもむけば、農作業がはかどるだけでなく、企業での知識や経験が役に立ち、イノベーションにつながることもあるかもしれない。

日本の農業振興には、農業専従者や専門家だけでなく、食や農業を意識して、できることを実行していく一般の人たちの力が欠かせない。

食の友好国、日本とフランス

世界の食文化は様々だが、食にまつわる日本とフランスの友好の事例をご紹介したい。

フランスは日本びいきとして知られている。２０１８年7月から9月まで、パリを中心にフランス各地で日本文化を紹介するイベント「ジャポニズム２０１８・響きあう魂」が開催され、約３００万人を集めた。公式な企画は70以上、関連企画は２００を超えた。その企画の一つとして、日本でも人気の高い江戸時代の京都の絵師、伊藤若冲の花鳥画「動植綵絵《どうしょくさいえ》」が大規模に展示され、入場者は7万５０００人にも上った。また、建築家の安藤忠雄の展覧会や能楽公演も大変な人気であったという。

日本とフランスの文化芸術には大きな違いがあるが、来場者は日本の知識がある人だけでなく、「何だかおもしろそう」「発見がありそう」という好奇心旺盛な人も多かっただろう。

フランスでは日本の和食、日本酒、アニメの人気が高い。それだけ日本文化が浸透しており親近感を持ってくれている。19世紀にヨーロッパで大流行したジャポニズムの例を引くまでもなく、フランスは日本の感性や美意識を認めており、文化芸術に高い関心と理解を示してくれる。

フランス資本による日本酒の酒蔵もあるそうだ。日本からは、山形県鶴岡市のＷＡＫＡＺＥという清酒製造・販売会社が２０１９年11月にパリ醸造所をオープン、現地の材料にこだわった地酒作りに挑戦している。

食について、ぜひ知っておきたい日仏の友情がある。１９６３年にフランスのブルターニュ地方を襲った大寒波のため、海面が凍りついてしまった。そして、その後発生した疫病のため80％ものカキが死んでしまい、絶滅の危機に瀕した。フランスではカキは国民的食材。大変な苦難を迎えたが、この危機を救ったのは日本の三陸、宮城県養殖業者が寄贈したマガキの稚貝（種・卵）。この稚貝は非常に生命力が強く、フランスのカキの病気に打ち勝つことができた。現在、フランスで流通しているカキのほとんどが、この日本原種ともいわれる。また、日本のマガキの稚貝を養殖するだけでなく、フランス産の品種とも掛け合わせて品種改良を行い、地元の品種も復活させることができたのである。

およそ50年後、２０１１年の東日本大震災で三陸のカキが未曾有の打撃を受けた際に、ブルターニュのカキ業者が恩返しとしてカキを贈ってくれた。日本でもフランスでも、友情に基づく支援がなければ、カキは絶滅していたかもしれない。

食文化にまつわる国際的なエピソードは他の料理や食材でもあるだろうが、生存を救うような話は他に知らない。日仏のカキの事例は心優しい利他的な国際協調を物語る。政治性があるわけでなく、現場で働く一般の人たちの連携を根源とした「食の安全網と助け合い」であったことが素晴らしい。

こうした日仏の信頼関係は政府レベルでもある。２０１９年6月26日「農業教育・人材育成」についてのアクションプランが、首脳会談における交換文書として取り交わされた。特筆すべきは、農業高校生の相互交流があることだ。日仏農業の若い担い手が、緊密な関係を通じて共に成長する姿にエールを送りたい。

フードバンクを社会インフラに

２０２０年5月に食品ロス削減推進法が成立した。企業や家庭で余った食品を生活困窮者に届ける「フードバンク」は食のセーフティネットとして期待が高まっている。しかし、その多くは運営が苦しく、資金難にあえいでいるという。

カキの事例と一緒にはできないが、フードバンクは関係者の連携が何より重要だ。社会インフラとして病院、警察署、消防署があるように、フードバンクを地域に欠かせない役割を担うものと位置付けたい。

行政の支援と連携すれば、生活困窮者の実態把握ができるだろうし、行政はその結果を福祉政策に反映できる。関係者が多くなれば、それぞれが主体性を持って取り組むことができる。フードバンクを志の高い一部の篤志家に任せるのではなく、社会インフラとして制度も含めた仕組みとすることで、持続可能なシステムになるだろう。

食料自給率のカロリーベースと生産額ベース

農林水産省によると、2018年度の日本の食料自給率（カロリーベース）は37%という過去最低を記録、2019年度も0・4ポイントの増加に留まった。

輸入された飼料で育った牛・豚・鶏や卵などは国内で育ったものでも算入されないし、年間2000万トンといわれる廃棄食料も含まれるのがカロリーベース計算の特徴である。また、この計算方法は日本以外では一部の国でしか採用されていない。

国際標準の算出方法は「生産額ベース」である。2018年度の食料自給率を生産額ベースで計算すると66%となる（2019年度も66%で変わらず）。

カロリーベースと生産額ベースで算出された食料自給率が大きく異なった理由として、国産野菜の割合は77%であったが野菜のカロリーは食料全体では数%にすぎず、生産額は全体の20%以上を占めるといったこともあった。

◆農産物の自給率の推移

（単位: %） ＊概算

		1995年	2005年	2010年	2015年	2016年	2017年	2018年*
主要品目の品目別自給	コメ	104	95	97	98	97	96	97
	小麦	7	14	9	15	12	14	12
	豆類	5	7	8	9	8	9	7
	うち大豆	2	5	6	7	7	7	6
	野菜	85	79	81	80	80	79	77
	果実	49	41	38	41	41	40	38
	肉類（除.鯨肉）	57	54	56	54	53	52	51
	うち牛肉	39	43	42	40	38	36	36
	鶏卵	96	94	96	96	97	96	96
	牛乳・乳製品	72	68	67	62	62	60	59
	魚介類	57	51	55	55	53	52	55
	砂糖類	31	34	26	33	28	32	34
供給熱量総合食料自給率		43	40	39	39	38	38	37
主食用穀物自給率		65	61	59	61	59	59	59

（参考）

穀物（食用＋飼料用）自給率	30	28	27	29	28	28	28

資料）農林水産省「平成30年度食料需給表」

注：1）平成10年度からは、コメについては国内生産と国産米在庫の取崩しで国内需要に対応した実態を踏まえ、国内生産量に国産米在庫取崩し量を加えた数量を用いて算出した。

自給率＝国産供給量（国内生産量＋国産米在庫取崩し量）／国内消費仕向量×100（重量ベース）

2）品目別自給率、主食用穀物自給率および穀物自給率の算出は次式による。

自給率＝国内生産量／国内消費仕向量×100（重量ベース）

3）供給熱量総合食料自給率の算出は次式による。

自給率＝国産供給熱量／国内総供給熱量×100（供給熱量ベース）

ただし、畜産物については飼料自給率を考慮して算出した。

出所）全国農業協同組合連合会 便覧 2020年版

◆日本と世界の食料自給率比較（2017年）

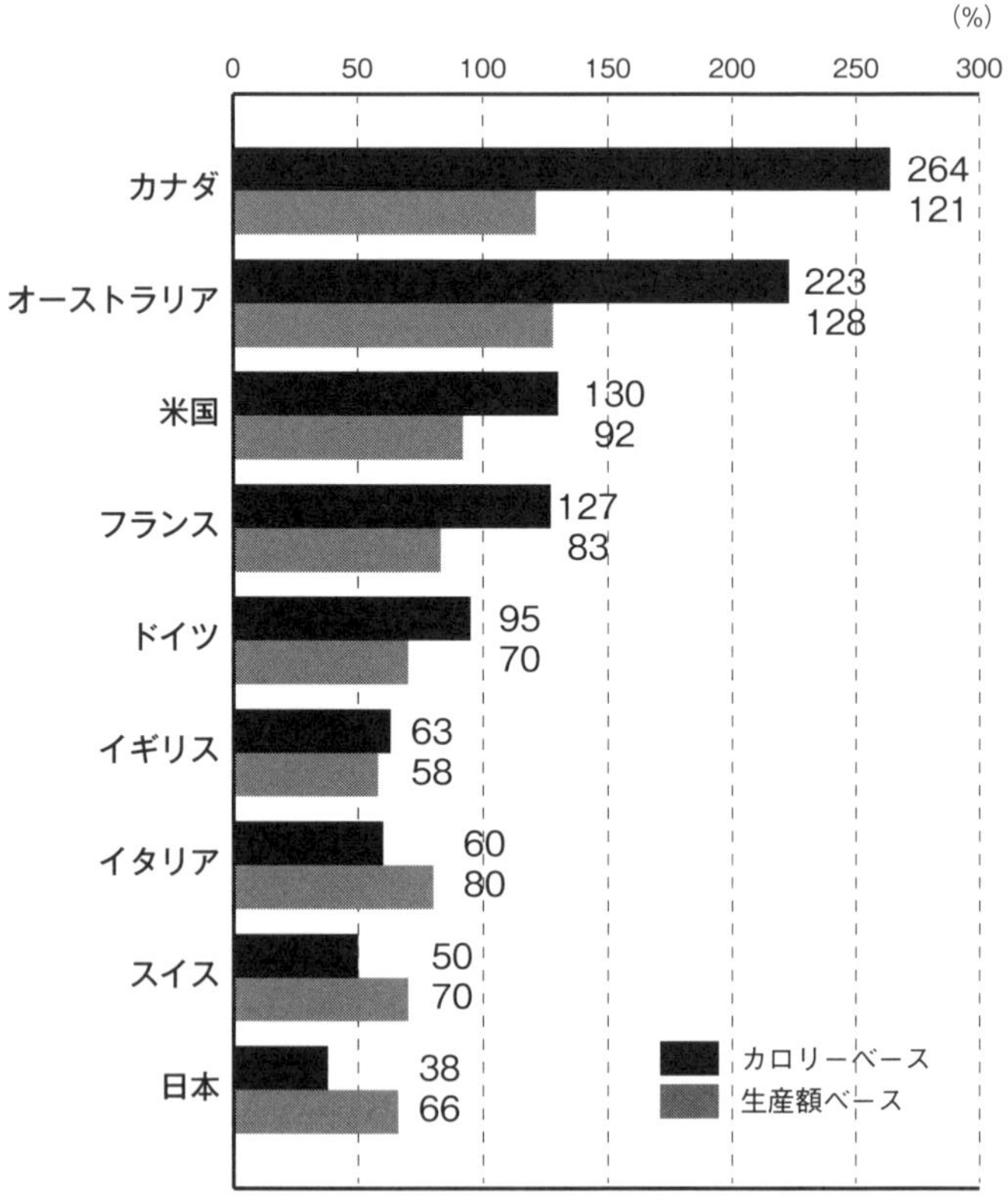

資料）農林水産省「平成29年度食料自給率」

出所）日本の食料自給率 - 世界との比較や問題点・対策を解説　ジブン農業
https://www.sangyo.net/contents/myagri/zikyu_ritu.html

ところで、生産額ベースで66％という数字は、１００％を超えるカナダやオーストラリアは別としても、ドイツ、イギリス、イタリア、スイスなどと比較して著しく低いものではない。

カロリーベースの食料自給率は２０００年当時の40％から45％に引き上げる目標が立てられているが、２０１８年には37％に下がっている。

２０２０年は食料・農業・農村基本計画の5年ごとの改定年度に当たり、新たな食料自給率の目標を設定する機会であったが、２０２５年度はカロリーベースで引き続き45％への引上げ、生産額ベースで73％が目標とのことだ。

食料自給率が向上しない理由として、主食用のコメの自給率は１００％であってもコメの消費が減り、パンや肉に代替されるといった食生活の変化が挙げられる。そのほか、農業従事者の減少や耕作地放棄といった農業そのものの衰退もある。こうした課題への取組、食品ロスの減少、スマート農業の進展による生産性や生産力の向上は自給率向上に寄与する。

食料自給率は国家と国民の問題

ところで、食料自給率の意義をどのように捉えるべきだろうか。

食料自給率に関しては、それを取り巻く世界の人口増と食料需給のひっ迫、異常気象による主要輸出国における減産、農産物価格の高騰などの問題がある。新型コロナウイルスの感染拡大ではロシアが小麦の輸出に上限を設定したり、ベトナムがコメの輸出を一時停止するといった事態が起きた。

世界貿易機関（WTO）は、生産国の食料が危機的に不足する場合を除いて輸出制限を原則禁止しているが、危機的状況であれば輸出制限も認められるのだから、農業は農家だけでなく「国家と国民の問題」に他ならない。

私たちは、明日も明後日もご飯が食べられることを当たり前のように思っている。しかし、何らかの理由で輸入が突然ストップしたり、突然の被害を受けたりする場合もある。食料自給率のみならず、食料・農業・農村に関連する計画は、私たちの現在の生活、そして将来の生活に大きな影響を与える。

新型コロナウイルスが招いた経済の混乱は、世界的に食料が得難くなったことへの懸念だけではない。主食となる穀物や豆類の在庫が十分であっても、食料供給網に悪影響があると、関連従事者、特に、途上国の労働者は収入を失うことになる。

国連世界食糧計画（WFP）は、失業が広がり食料が得られない場合は、2016年に欧州で発生した大規模な難民の移動と流入のような事態を招きかねないと警告している。

現代は飽食の時代といわれる一方で、特に、東アフリカと南アジアで飢餓がまん延している。

飢饉や難民といった究極的に深刻な問題が起きる前に、食料品の不足に対する怒りからのテロ行為や暴力的な抗議が発生することもある。ＷＦＰのハンガー・マップ２０２０によると、世界での現在の傾向が変わらない場合、飢餓に苦しむ人は２０３０年までに８億４０００万人に達するという。

食料自給「力」を高める

食料自給率の向上だけを考えるならば、コメの国内消費を増やし小麦の輸入を減らせばよいのだが、こうした単純な問題ではない。食料自給率は国内の「食料自給力」を高めることと関連して考えることが大切で、食料自給力を高めるためには生産基盤が強くなければならない。

農業への新規参入者は一定数いるものの、農業従事者総数は減少傾向にある。生産基盤の基礎となる農地を確保し、農業の多面的な機能を担う小規模農家を支え、適宜スマート農業も取り入れながら生産性を向上させる。所得も増やす必要がある。

もはや海外から安価な食料をいくらでも調達できる環境にはない。世界の食料供給網は一応機能しているものの不安定さを増している。中国の台頭などで穀物価格の水準は上がる。食のグローバル化で価格競争は激しくなりサプライチェーンも複雑化した。さらに生産や流通の履歴を追跡するトレーサビリティの確保、品質表示・原産地表示などの説明責任が高まり、食の安全・安心にかかるコストもかさむ時代となった。中国の「一帯一路」構想や新型コロナウイルスを発端として米中冷戦の懸念も生じた。

さて、食料自給率・食料自給力を高めなければならないという我が国の事情はあるものの、グローバル化に完全に背を向けることは望ましくない。食料生産と食料安全保障に不可欠な「農地」（耕作地だけでなくハイテク工場を含む）を資源として守り、農業従事者の意欲をかきたてるような政策や支援の継続は必要だが、一国がやみくもに自給自足を追求するのは無理があるし、仮に国内でほぼ賄えるとしても大規模災害があったらひとたまりもない。

他国との無用な対立も避けたい。成熟した国家は、フランスのマクロン大統領が言うように「戦略的な自治」を農業分野で確立すべきと思う。各国の多様性を基にした相互依存は良い意味で安全保障を高めるだろう。

経済協定により農業も自由化時代に

本章では食の友好国としてフランスを挙げた。アジアでは、台湾、タイ、インドなど互いに敬意のある友好国、さらにブラジルといった国を対象に、食の安全保障を基にした提携や協定を検討してもいいのではないか。

まず、互いの国情を理解し、ＴＰＰの際に揉めた関税撤廃といった目標とは別の課題について、より良いステージに向かうための協力を行う。相手国により異なるが、日本としては専門家派遣、スマート農業といった先端技術の提供による収穫量や生産性の向上、治水灌漑のインフラも含む。知的財産権、ブランディング、健康を支える食事、安全・安心（衛生）、投資も対象とする。

途上国向けには、すでに国際協力機構（ＪＩＣＡ）がアフリカの食料安全保障確立に関連して農業支援を行っており、干ばつに強い多収性のアフリカ米の生産などで成果を出している。しかし、日本の政府開発援助（ＯＤＡ）の枠外の活動として、先進国であっても二国間協力があってもいいだろう。

国益を守るためであるから、一方的な援助ではなく、双方のメリットを確認するものとする。民間企業や各種団体の積極的な関与も望ましいが、活動のルールや制度には行政が絡むため、政府の支援が必要だろう。日本が食の安全保障で世界をリードする役割を担うことができれば、関係する国民にとっても多幸感溢れる外交を展開できると思う。

ＴＰＰは、米国を除く11か国によるＴＰＰ11として２０１８年12月30日に発効、日ＥＵ経済連携協定は、２０１９年2月1日に発効した。引き続き日米貿易協定も２０２０年１月１日に発効し、日本の農業はかってない自由化時代に入った。

トランプ前大統領は、保護貿易を信奉し世界の自由貿易の秩序を混乱させたが、長期的に見れば、自由貿易は衰退ではなく、進展・深化していくと考えるのが自然だろう。

日本、中国、韓国、インド、オーストラリア、ニュージーランドなど16か国による東アジア地域包括的経済連携（RCEP）の交渉に注目が集まるなか、2020年11月15日に合意、署名された。巨大な市場を持つインドと中国の参加は、世界のGDPと貿易額の約30％を占める自由貿易圏となるRCEPの理想形に欠かせないが、残念ながらインドが署名を見送り、15か国となった。

RCEPには、東南アジア諸国連合（ASEAN）も参加している。参加国が増えるほど市場が拡大し、将来には参加国増加も望めるだろう。アジアを中心とした経済の底上げはアジアだけでなく、世界経済の安定を支える効果もある。農業に限ったことではないが、何を軸とし、何を守り、何を攻めるのか。総合的な方針が必要だ。

ところで、世界人口77億人のうち、中国とインドで28億人。3・6人に1人の割合だ。この2国の人たちの食生活に、日本農業が貢献できることは少なくないだろう。積極的な戦略を打ち出せば、日本農業の存在感を上げると同時に経済対策になる。

インドは貿易赤字の拡大による製造業や雇用への悪影響を懸念しRCEP参加を見送ったが、インド経済の長期的なインパクトを考えると、将来参加の意思を示せば早期に参加できるようにしておく柔軟な対応が望ましい。

ＳＤＧｓは18番目のゴールを考える

国連が２０１５年に採択したＳＤＧｓは、新たな成長のキーワードになっている。昨今あまりにＳＤＧｓという言葉がメディアで頻繁に紹介されており、ＳＤＧｓピンバッジを付ける人も多く目にするようになったが、その重要さゆえ、一時的なブームになってはいないかと危惧する。

ＳＤＧｓでは、「人間が幸せに生きていくためのニーズ」として17の目標を定めており、目標の達成のために「良識ある社会システム」をどのようにつくり出していくのかを問うている。ＳＤＧｓは、世界が合意した未来のカタチを具体的に見えるようにした「社会経済活動の新しい国際ルール」ともいえる。

国連は２０５０年頃の世界人口を約１００億人と予測したが、現在から23億人も増えるであろう地球の未来への取組は、ＳＤＧｓのいう２０３０年がゴールでない。課題の解決策を考え抜いて、議論、行動することが大切だと思う。

食・農業におけるＳＤＧｓ事業活動を２つ紹介したい。

〔広島食品工業団地――食品残さからのバイオマス発電〕

団地の協同組合(8社の共同出資により株式会社食品ボイラーを設立)は、共同廃水処理施設で発生するメタンガスから得られる蒸気を団地内で販売し、組合企業の燃料費を削減するとともに、温室効果ガスの排出量抑制に取り組んできた。

2019年からバイオマス発電装置を導入し、メタンガスで年間29万Kwを発電。経済産業省の再生エネルギー買取制度を使い、全量を中国電力に販売している。食品残さを使ったバイオマス発電の事例は少なく、団地内での循環型社会の実現として評価が高い。

〔味の素――発展途上国の子ども用栄養補助剤の開発・販売〕

味の素の「ガーナ栄養改善プロジェクト」は、現地ガーナの離乳食に加える独自のアミノ酸入り栄養サプリメントを開発し、子どもの栄養状態を改善・強化している。2歳前後の子どもの30~40%が低身長というが、それだけではなく、知能の発達障がいや免疫機能の不足につながる可能性が高い。現地でサプリメントを生産・販売して地域の雇用を創出し、妊婦や授乳中の母親などの栄養改善も目標としている。

食・農業は自然環境や貧困・飢餓をなくすことと結び付き、SDGsのその他の目標とも深く関連するが、企業や団体はもちろん、個人でも「18番目のゴール」を設定し行動しようとの提案が出てきている。

自ら具体的な目標をつくることには賛成だ。さらに評価基準をつくりその結果を定期的に確認したい。

社会課題かつ経済課題であるＳＤＧｓ

ＳＤＧｓは壮大なビジネスチャンスとして紹介されることもあるが、その本質は、社会的価値が経済的価値と同様に重視される時代となったことだろう。ＳＤＧｓは義務でも慈善事業でもない。必要に応じて技術を利用し、ビジネスとしての持続的成長をベースに、社会課題の解決を目指す行動だ。

社会規範を重視して、きちんと事業を遂行する能力の高さは日本人の美点であり、ＳＤＧｓの目指す目標との親和性も高い。

「個人の意識を変えて普遍的な価値を創造していこう。個人でできない部分は技術革新を利用したり、行政だけでなく企業や団体による社会貢献に期待しよう」というのが私のＳＤＧｓ解釈である。

たとえば、フードロス、脱プラスチックス、省エネ、CO_2排出削減といった環境問題には、個人もかなり対応できる。フードバンクや子ども食堂は「1・貧困をなくそう」に当てはまる。健康診断の実施や高齢者へのデイサービスは「3・すべての人に健康と福祉を」に当てはまる。

SDGsを誰もが取り組める身近な目標とし、自分の事として行動することで、目標達成への第一歩としたい。個人でできることは限定される。普及を阻む利便性や経済性の問題を解決するのが技術革新の役割だと思う。

技術革新による第4次産業革命が進行中の現代では、SDGsの目標のうち、特に、環境・貧困・飢餓の技術による解決が望まれていると思う。

ESG経営に基づく食品会社の行動

SDGsの普及と同時に、環境（Environment）、社会（Social）、企業統治（Governance）に配慮した経営を評価する「ESG経営」を重視する傾向が強まってきた。2018年には世界で約31兆ドル（3400兆円）の投資額があり、我が国は約232兆円の投資残高である。投資家による、たばこ、兵器、化石燃料関連企業からの撤退はわかりやすい。企業も社会の変化に従って行動するようになっている。

世界最大の食品会社ネスレ（スイス）は、消費者の健康志向の高まりを踏まえ、2019年12月、米国のハーゲンダッツ・アイスクリーム事業の合弁会社への売却を発表した。ネスレは栄養関連、水、コーヒー、ペットフードなどへの事業投資を拡大しているが、直近の利益だけなら、アイスクリーム事業は儲かっていたと推測する。ＥＳＧの観点からの判断だ。

世界の先進的な企業は、社会的責任（ＣＳＲ：Corporate Social Responsibility）を実行しながら共通価値の創造（ＣＳＶ：Corporate Shared Value）を進めていくのがトレンドと理解する。すぐに利益にはならないものの、社会貢献にもつながる一見非財務的な競争力と実行力が求められているということだろう。

業務用チョコレート世界3位の不二製油グループ本社は、植物性食品素材のリーディングカンパニーを目指し、近年はブラジルや米国の業務用チョコレート会社を買収した。素晴らしいのは同社の方針。ＮＰＯ世界カカオ財団と連携し、「ＥＳＧ経営」の観点から人権に配慮した原料調達を行っている。２０３０年までに、カカオ豆農園での児童労働をゼロにする調達方針を策定するという。

これは子どもの貧困防止、農家の収入増にもつながる支援だ。ガーナやコートジボワールでは、２００万人以上の児童がカカオ農園で働いているとされる（日本経済新聞２０２０年6月4日）。

数年前、アフリカのカカオ農園における児童労働を特集したテレビ番組を観たことがある。数十人の子どもたちの中で、チョコレートを食べたことのある子どもは1人もいなかったばかりか、カカオがチョコレートになることさえ、誰も知らなかった。

世界の課題は大きく深い。善と悪が混在する。その中間のグレイゾーンもある。私たちは企業の活動をしっかりと見守る必要がある。

国際取引に必備のグローバルGAP

ＳＤＧｓは「社会経済活動の新しい国際ルール」ともいえるが、食・農業にとっては農業生産工程管理（ＧＡＰ）など、国際認証の取得が必要になってきた。

国際基準の「グローバルＧＡＰ」、日本発の「ＪＧＡＰ」、ＪＧＡＰを充実させて国際基準を目指す「ＡＳＩＡＧＡＰ」などがある。グローバルＧＡＰの取得をぜひとも目指してほしい。

食品安全、労働環境、環境保全に配慮した持続可能な生産工程管理が認められた農家や企業に与えられる「グローバルＧＡＰ」は、ヨーロッパを中心に約１２０か国以上に普及している。生産者の企業価値向上、取引先の信頼性向上につながる。予定されていた東京オリンピック・パラリンピックの調達食材の要件になっていた。この資格がなければ輸出はおろか、国際取引が始まらない。

今や、安全安心で美味しいだけでは売れない時代。グローバルＧＡＰの取得なしでは販路が狭められていく時代になりつつある。小規模農家も含めて、グローバルＧＡＰ取得が当たり前になることが理想だ。行政やＪＡが支援活動を行っているが、私たち消費者の間で認知度が上がればＧＡＰ取得の動きも活発になるだろう。

うれしいニュースがある。日本の農業高校には、実習で栽培する農作物でグローバルＧＡＰを取得しているケースがある。農林水産省のサイトを見ると、２０２０年10月末時点で、グローバルＧＡＰ23校、ＡＳＩＡＧＡＰ20校、ＪＧＡＰ57校に及ぶ。作物はコメ、りんご、ぶどう、梨、トマト、かんきつ類など。

北海道の岩見沢農業高等学校では、10品目（コメ、大豆、たまねぎ、トマト、にんにく、長ねぎ、スイートコーン、ほうれんそう、さつまいも、かぼちゃ）の認証に加え、地元菓子メーカーと連携して、黒大豆を使った和菓子を共同開発した。手本の中の手本ともいえる同校の成果は注目を集め、視察や依頼が相次ぎ、生産者向けセミナーでは生徒が講師として学びを伝えるという。

ＧＡＰの工程管理に契約取引の考え方を組み合わせれば、販売価格向上も狙えるだろう。未来を切り開く主役である若者たちの活躍を頼もしく思うと同時に、企業も若者たちとＳＤＧｓの課題などを一緒に考えてほしい。

全国学校農場協会の調査によると、農業高校の園芸施設は概して老朽化が著しく、鉄骨の腐食や雨漏りも多いという。きちんとした活動の基本として、農業高校の教育設備を拡充すべきだろう。農業の魅力を知る若者たちをこんなことで落胆させていたら農業は良くならない。

食の安全に関する国際基準としては、ＧＡＰ以外にも安全確保の管理手法として知られるＨＡＣＣＰのほか、安全な食品を生産・流通・販売するために食品製造だけなく農業や漁業の１次産品、小売り・機材・運送なども認証するＩＳＯ２２０００などがある。

営業戦略に必要なら、ぜひ取得しておきたい。国内市場向けでも、外資系や大手企業は各種認証の取得を求めることがある。その傾向は強くなっていくだろう。

第6章
文化・教育が食産業を支える

おいしい町は北海道が上位

和食が伝統的な食文化として2013年12月4日、ユネスコの無形文化遺産に登録された。食は地域性を表現する代表的な文化であり、ユネスコの無形文化遺産としては、和食のほかに「フランスの美食術」「地中海料理」「メキシコの伝統料理」「ケシケキの伝統」（トルコ）、「キムジャン：キムチの製造と分配」（韓国）、「トルココーヒーの文化と伝統」「クヴェヴリ」（グルジア）が登録されている。

日本は世界中の料理が食べられる多様な食文化を持つと同時に、各地域でも特徴的な食文化がある。日本で食べ物が美味しい地域といえば、自然の恵みが溢れ食の宝庫のイメージがある北海道、何でも一流の味が楽しめる東京、食い倒れの

◆食事がおいしいランキング（2019年）

【都道府県】

順位	前年	都道府県	点数
1	1	北海道	41.5
2	2	福岡県	25.5
3	3	大阪府	21.3
4	6	香川県	18.6
5	4	新潟県	17.8
6	5	京都府	17.0
7	11	石川県	16.4
8	13	静岡県	15.9
9	9	広島県	15.7
10	10	宮城県	15.4

【市町村】

順位	前年	市町村	点数
1	1	札幌市	34.9
2	2	函館市	31.1
3	2	小樽市	27.7
4	6	喜多方市	26.2
5	5	松阪市	25.1
6	22	さぬき市	24.8
7	4	仙台市	23.6
8	13	大阪市	21.3
8	14	宇都宮市	21.3
10	9	福岡市	20.6

出所）ブランド総合研究所「地域ブランド調査2019」

街・天下の台所といわれる大阪、そして近年グルメ天国として名高い福岡などを思い浮かべる人が多いだろう。

私たちの意識調査として、ブランド総合研究所が実施した「地域ブランド調査２０１９」が参考になる。全国３万１３６９人の有効回答数に基づく「食事がおいしい」ランキングを見てみよう。

「各自治体にどんな魅力があると思いますか？」という問いに対して「食事がおいしい」と回答した人の割合から算出した結果は右表のとおり。都道府県で北海道が第１位、さらに市区町村トップ３も北海道が独占している。

ユネスコが認定する7分野の文化都市

２００４年、ユネスコは「創造都市ネットワーク」という制度を作った。加盟都市が国際ネットワークで連携する中で、創造的な地域産業を振興し、文化の多様性保護と世界の持続的な発展に貢献することが目的である。

都市がこのネットワークに加盟するには、ユネスコが対象とする文学、映画、音楽、クラフト＆フォークアート、デザイン、メディア・アート、食文化（ガストロノミー：料理学を含む）の

7分野より、自らの特色である1部門を選んで申請、それをユネスコが選考審査して認定する。

各分野での日本~世界の参加都市は以下のとおりである（2020年1月現在）。

●**文学**……日本はなし~エジンバラ、メルボルン、ダブリン、プラハなど38都市

●**映画**……山形市~シドニー、ローマ、ムンバイなど18都市

●**音楽**……浜松市~セビリア、ボローニャ、リバプール、カンザスシティなど48都市

●**クラフト&フォークアート**……金沢市、丹波篠山市~サンタフェ、アスワンなど48都市

●**デザイン**……名古屋市、神戸市、旭川市~ベルリン、上海、北京、ソウルなど40都市

●**メディア・アート**……札幌市~リヨン、ダカール、テルアビブなど18都市

●**食文化**……鶴岡市~成都、マカオ、ベルガモなど35都市

文部科学省日本ユネスコ国内委員会によると「文学、映画、芸術などの分野において、都市間でパートナーシップを結び相互に経験・知識の共有を図り、またその国際的なネットワークを活用して国内・国際市場における文化的産物の普及を促進し、文化産業の強化による都市の活性化及び文化多様性への理解増進を図る」とある。

グローバル化により、ややもすると各国・各地の固有の文化や伝統が衰退していく可能性が

高まっている状況下、文化や伝統を持つ都市が情報発信し、また、都市どうしが連携することで、文化・伝統の特徴や多様性を維持・発展させていくということだろう。

さらに、ひとつの分野だけでなく７つの分野を取り上げることにより、異なる分野どうしの関係性や類似性、掛け合わせたときに生じる新しい価値創造も期待されているだろう。

固有の在来食物が豊富な鶴岡市

ユネスコの創造都市ネットワーク食文化の部門において、日本で選ばれたのが２０１４年に加盟した山形県鶴岡市。おいしいランキングトップの札幌市や和食文化の中心である京都ではなく、日本海沿岸南部にある人口約13万人の都市だ。

ユネスコに登録された理由は、まず、鶴岡市の食文化には守っていくべき固有の価値があると認められたことにある。鶴岡市固有の在来食物は約60種類といわれる。在来食物は長年にわたって農作物の種が受け継がれてきたことを示す。

そして、農業に従事する人たちの創意工夫や、次世代のために美味しい農産物を開発していくという気概を持って品種改良を積み重ねた歴史がある。代表的なものをいくつか紹介したい。

だだちゃ豆

甘味が強く独特の風味がある枝豆。説明不要かもしれない。もはや全国的な人気でこれでなくてはというファンも多いだろう。江戸時代に越後から庄内地方に伝わった品種を選抜育成したものといわれる。

民田《みんでん》なす

葉も花も大きいのに実が小さい丸ナス。「奥の細道」で旅した松尾芭蕉が庄内・鶴岡に逗留したときに食べたもので、一夜漬けが最高とされる。

めづらしや　山をいで羽の　初茄子《はつなすび》　　　松尾芭蕉

月山筍《がっさんだけ》

出羽三山の主峰で、古くから山岳信仰の山として知られる月山で採れる根本が湾曲しているタケノコ。灰汁が少なく、独特の風味と甘味のため珍重される。

温海《あつみ》かぶ

伝統的な焼畑農法による栽培が受け継がれており、1785（天明5）年に徳川幕府に献上された記録がある。外皮は暗紫色だが内部は白色。緻密で固めの肉質と甘さが特徴。

鶴岡市の豊かな食文化を育んだ5つの背景

なぜ、鶴岡市に特徴的な食文化が生まれたのか。鶴岡市ならではの背景を考えてみよう。

①強い風が作物を美味しくする

北は鳥海山、東は出羽三山、南は朝日連峰の山々に囲まれ、日本海に面した西側には庄内平野が広がる。鶴岡市は庄内平野の中にあり、遮るものがないために強い風が吹く。この強い風が作物の中を通り抜け湿度を下げるため病気にかかりにくいという説や、作物が強い風に倒されないように根をしっかりと張る、という説がある。

四季の変化もはっきりしている。特産「だだちゃ豆」は、鶴岡の気候風土によってその特徴が出るらしい。その種を他の地域に持っていって栽培しても、同じ味は再現できないという。

②城下町としての歴史と向学の気風

江戸時代、庄内藩酒井氏14万石の城下町として栄え、酒井氏は最上氏旧領内4藩における中心的存在であった。9代目藩主酒井忠徳は藩の財政改革、産業奨励、文武両道の推進に尽力した。1805年には藩校・致道館を創設、教育に力を入れたことで向学の気風が培われた。農村復興や種の品種改良など、より良い農業の実現に情熱を傾けた先人を生み出す大きな力となった。

③ 開墾に努力を惜しまなかった庄内藩士

戊辰戦争に敗れた庄内藩士は、明治維新によって職を失ってしまった。刀を鍬や鋤に持ち替えて月山山麓の広大な原始林や原野を開墾し、土地の多くは桑畑となり生糸の生産につながった。絹織物工場や製糸工場など、近代工業のシンボルとなる施設も建設され、地域の発展に大きく貢献した。

④ 出羽三山に伝わる精進料理

鶴岡市東南部にある出羽三山（羽黒山、月山、湯殿山）は、山伏の聖地である。山岳信仰の場として知られ、現在でも多くの参拝者が訪れる。山伏は野菜、豆、きのこといった植物性の食材を利用する精進料理を発展させて、参拝前に宿坊に泊まる人々にも振る舞った。参拝者の心身を浄める役割も担っていたという。精進料理の調理方法や食材の保存方法は、日本料理全体の水準向上に貢献したといわれる。

出羽三山山麓で採れる食材を使った精進料理は、現在でも出羽三山神社の斎館（羽黒山参籠所）でいただける。古くから伝わる祭りで振る舞われる、いわゆる行事食も多く残されており、地域に根付いている。

⑤ 食の理想郷へ向けた新たな価値の創造

情報発信拠点としての新しい取組が、２０１７年７月に鶴岡駅前に開設された「つるおか食文化市場・ＦＯＯＤＥＶＥＲ」だ。伝統食、郷土料理をアレンジした創作料理などの和食、イタリアン、パスタとドルチェ、酒バー、海鮮丼、手打ち蕎麦、肉料理、名産「麦きり」などの入るフードコートなど、食を体験できる専門店が揃っている。

ほか、インバウンドに対応し、免税カウンターもある観光インフォメーション、料理教室や食のイベントを開催する食文化コミュニティスペース、特産品・逸品を販売する、つるおか駅前マルシェもある。

四方を山や海で囲まれた鶴岡市は、自然が豊かで四季の変化がはっきりしている。初夏は風に揺れる海のような田畑、秋は黄金色に輝く稲穂など、景色が歴史・文化とともに受け継がれている。

「食の都庄内」親善大使も選出され、２０２１年１月現在、４人の親善大使が活躍中だ。その内一人が、イタリアスローフード協会国際本部「テッラ・マードレ２００６」で「世界の料理人１０００人」にも選出された奥田政行氏。２０１２年スイス・ダボス会議「ジャパンナイト２０１２」では料理責任監修を務めた。また、２００４年の第18回全国日本料理コンクール郷

「食の都 庄内」ロゴ

土料理部門で最高賞を受賞した土岐正富氏もいる。全国技能士会連合会調理（日本料理部門）のマイスターに認定されるなど、日本料理の普及に尽力されている。

奥田氏は鶴岡市に主たる拠点を置くイタリア料理店「アル・ケッチャーノ」のオーナーシェフ。お任せのフルコースを次のように語る。「庄内浜の沖合から始まって、磯、浜辺、平野、川、山の裾野、そして山の食材で終わるという、その日の庄内の最高の見所を巡る旅です」「地域の名所旧跡に勝るのが食べ物の思い出です。いつもと違う空気、いつもと違う景色、そこに旅の高揚感も相まって、五感はいつにも増して感度良好です。そんなときに、見た記憶、聞いた記憶を凌駕するのが味の記憶なのです」「農水産物においては、料理に勝る宣伝方法はないと私は確信しています」（奥田政行『地方再生のレシピ』）

食文化を通じて国際交流が盛んに

食文化のユネスコ認定やミラノ国際博覧会出店の成果により、鶴岡市には海外からの問い合わせが激増したという。２０１６年12月には、イタリア食料科学大学と3か年に亘る戦略的業務協定を結び、フィールドスタディツアーなどの体感プログラムを実施するなど、新しい食文化産業の創造と育成を図っている。

２０１７年2月には世界料理人交流事業として、鶴岡市から3名のシェフをスペインバスク地方のビルバオ市へ派遣、その後、ビルバオ市から3名のシェフを招き、市民公開イベントを開催した。会場では１００人以上の市民がミシュラン星付きシェフの料理を味わい、大変な盛況であったという。

両国の料理人同士にとっても、一緒に調理する機会は刺激があり、学びもあったと報告されている。ビルバオ市のシェフは滞在中「出羽三山の精進料理」「湯田川の孟宗掘り」「由良の魚せり」などを存分に体験し、滞在中は鶴岡市から一歩も外に出たがらなかったとのことだ。

ビルバオに近いサン・セバスティアンは、ガストロノミー（美食、美食術）の文化や、国際映画祭などを備えた、スペインで最も有名な観光地のひとつ。サン・セバスティアンとその周辺地区は、ミシュランガイドに記載される星付きレストランの宝庫だ。有名レストランの料理だけでなく、小さく切ったパンに少量の食べ物がのせられた「ピンチョス」と呼ばれるタパス（軽食）や、日本でも人気の「バスクチーズケーキ」の発祥も、サン・セバスティアンである。

昨今は何でもネットで検索できる時代だ。グルメについての人気投票も、ＳＮＳの普及によって世界中の人たちと情報共有ができるようになった。ＳＮＳによる情報シェアを通じて、認知度と人気を向上させるのもひとつのあり方だろう。市町村にとっても、特に知名度の高い都市であれば、その方法で成功する確率が高いといえる。

▼由良漁港のせり　▲出羽三山の精進料理

しかしながら、鶴岡市のように比較的小さな都市では、伝統、歴史、文化などがあいまった特徴的なアピールも欠かせない。食を通じて記憶に残る体験は、日本人、外国人を問わず幸福をもたらし、新たな食文化の創造につながっていく。

充実した教育・研究機関

鶴岡市にある食と農業関係の教育機関・施設には、次のようなものがある。

山形大学農学部は、バイオサイエンス、メタボロミクスによる生命現象の研究と、微生物の活用に取り組んでいる。

慶應義塾大学先端生命科学研究所では、本格的なバイオテクノロジー研究所として、最先端の技術を利用して生体や微生物の細胞活動を計測・分析したり、コンピュータによる解析・シミュレーションによって医療や食品発酵などの分野に応用したりしている。

このほかにも、山形県立庄内農業高校、鶴岡工業高等専門学校がある。鶴岡市の工業高校の創造工学科には化学・生物コースがあり、7つの応用分野を4年次から選択して学ぶ。応用分野には、「環境バイオ分野」(無機化学、有機化学、分析化学、生物化学等の基礎専門知識を兼ね備え、環境に配慮した持続可能な社会の実現に貢献できる人材を養成する)、「資源エネルギー分野」（電気・電子工学・機械工学、化学工学の専門基礎知識を修得し、風力発電や太陽電池による発電等、持続可能なエネルギー開発が期待できる技術者を養成する）、「ＩＴソフトウェア分野」（情報工学に関する基礎専門知識や実践能力を身につけた、高度情報化社会に適応できる人材を養成する）といった農林畜産業に役立つ選択肢が含まれている。

食や農業を語るうえで、地域に根差した学術・教育機関による影響を忘れてはならない。

１９９０年以降の約30年で、過疎地域の高校統廃合により自治体に１つあった公立高校の20％が消滅、高校が消滅した市町村では６年間で総人口の１％が転出超過していることがわかった。これに対し、一般財団法人地域・教育魅力化プラットフォームが２０１９年11月に発表した調査によると、地域に密着した農業高校などは人口や消費の増加をもたらし、過疎地域を活性化するとしている。

地域に根差した教育を展開する「高校魅力化」の経済効果として、島根県立隠岐島高校のケースでは、地域の総人口は５％超も増加、地域の消費額は約３億円増加、歳入は１億５千万円増加。さらに町村の財政収支は年間３千万～４千万円増加するという（日本経済新聞２０１９年11月23日）。

この調査は高校を対象としたが、高校に限らず教育・研究機関の存在は人口や財政に一定の効果をもたらし、地域づくりに貢献することを立証している。魅力ある教育環境は地方創生の重要なポイント。高校生のような若い人たちの活躍は、明日の日本を創っていくことと同義と思う。

食の振興を助長する日本遺産

寿司、天ぷら、ラーメン、みそ汁など、外国人に大人気な日本食は多い。牛肉では、特に、神戸ビーフなどのブランド牛を使ったすき焼き、しゃぶしゃぶ、鉄板焼きなどが好まれる一方で、牛丼のような庶民的なメニューも人気が高い。

日本食がどうしても食べたくて訪日する観光客は、もはや珍しくない。ハリウッドの俳優や映画監督も、日本食を楽しみに来日する人たちがとても多いという。中でも「寿司」の人気は格別。やはり、本場で食べることに特別な意義があるのだろう。トム・クルーズはダイエットコーラを飲みながら寿司を楽しみ、柔らかくて美味しい日本の牛肉は特別と称賛しながら、もりもり食べているそうだ。

外国人に、日本と日本食のファン、リピーターになってもらうにはどうしたらよいだろうか。

山形県鶴岡市や出羽三山について紹介したが、出羽三山は文化庁が2015年より始めた「日本遺産」のひとつ。日本遺産は食の振興を考えるうえで、大きなヒントと感じている。

▲羽黒山五重塔（国宝・鶴岡市）

▼庄内平野

日本遺産は、地域の風土に根ざして受け継がれている伝承、風習、祭り、史跡、建造物など、点在している文化財を共通のテーマでまとめてその魅力を伝えている。

単一の市町村のみならず、複数の市町村にまたがったネットワークも認められる。申請して認定されると認知度が高まり、様々な取組を通じての地域ブランド化への貢献、地域住民のアイデンティティ再確認、ひいては地方創生にも役立つと期待されている。

認定されるためには、説得力のある理由が必要だ。とりわけ、近年、流行語から一般用語になった「ストーリー」があること。具体的には、①ストーリーに歴史的経緯があること、②ストーリーの中核に地域の魅力を発信する明確なテーマがあり、継承・保存されている文化財やそれにまつわるものがあること、③単に地域の歴史や文化財の価値を解説するだけのものになっていないこと、が重要になる。

日本遺産ベスト10と魅力の5要素

日本遺産は２０２０年６月19日に新たに21件認定され、累計で１０４件となった。それに先立って、日本経済新聞土曜版の「ＮＩＫＫＥＩプラス１」では、専門家14人が選んだ「日本遺産」ベスト10が紹介された（２０１９年12月14日）。その多くに食に関する説明があったので、一部を抜粋して記載する。以下、「日本遺産に登録された名称＝ストーリー」「所在地」「〈日経新聞記事のタイトル〉」「記事抜粋」の順。

第１位〈５９０ポイント〉
自然と信仰が息づく「生まれかわりの旅」　～樹齢３００年を超える杉並木につつまれた２４４６段の石段から始まる出羽三山～　（山形県）
〈自然への畏敬の念　抱く〉大松明《おおたいまつ》行事では、たいまつの燃え具合などで豊作や豊漁を占う（記事には説明なかったが山伏の精進料理などがある）。

第２位〈５７０ポイント〉
「四国遍路」　～回遊型巡礼路と独自の巡礼文化～　（徳島県・高知県・愛媛県・香川県）
〈全長１４００キロ　自分と向き合う〉

第３位〈４５５ポイント〉
瀬戸の夕凪が包む国内随一の近世港町　～セピア色の港町に日常が溶け込む鞆《とも》の浦～　（広島県）
〈静かに流れる時間を体感〉鞆の浦生まれの薬味酒「保命酒」、名産のタイや小魚「ねぶと」を味わうのも一興

第4位（445ポイント）

北総四都市江戸紀行・江戸を感じる北総の町並み　～佐倉・成田・佐原・銚子：百万都市江戸を支えた江戸近郊の四つの代表的町並み群～　（千葉県）

〔武家屋敷や旧宅　江戸を感じる〕

第5位（440ポイント）

荒波を越えた男たちの夢が紡いだ異空間　～北前船寄港地・船主集落～　（北海道・青森県・秋田県・山形県・新潟県・富山県・石川県・福井県・京都府・大阪府・兵庫県・鳥取県・島根県・岡山県・香川県・広島県）

〔交易が生んだ文化に思いはせ〕船による交流で食文化や伝統芸能が運ばれ、形を変えて根付いた

第6位（435ポイント）

海女（Ａｍａ）に出逢えるまち　鳥羽・志摩　～素潜り漁に生きる女性たち～　（三重県）

〔海女との会話・海鮮に夢中〕豊かな漁場で女性が素潜りしてアワビやサザエなどをとる「海女漁」。訪日客に人気があるのは海女小屋体験。「海女さんがとった新鮮な海鮮を堪能できる「相差（おうさつ）かまど（鳥羽市）」はおすすめ。海女さんとの会話も貴重。日本人も魅了すること間違いなし」

第7位（390ポイント）
　日本茶800年の歴史散歩　（京都府）
〔広大な茶畑　触れて楽しむ〕京都府南部の山城地域は宇治茶の産地。茶の湯に使われる抹茶、広く飲まれる煎茶、高級茶として世界中に広がった玉露と製茶技術がある。石寺にある斜面一面の茶畑を眺めたり、宇治中心部の茶工房やカフェを巡ったり、時期が合えば和束（わづか）での茶摘み体験やおいしいお茶の入れ方教室もある。道の駅「お茶の京都みなみやましろ村」の抹茶ソフトクリームは絶品
第8位（335ポイント）
　琵琶湖とその水辺景観　～祈りと暮らしの水遺産～　（滋賀県）
〔祈りの文化　息づく水郷〕
第9位（330ポイント）
　六根清浄と六感治癒の地　～日本一危ない国宝鑑賞と世界屈指のラドン泉～　（鳥取県）
〔身も心も清められる修行の地　三徳山・三朝温泉〕地元の水や素材を使った精進料理、豆腐が絶品
同第9位（330ポイント）
　日本磁器のふるさと 備前　～百花繚乱のやきもの散歩～　（佐賀県・長崎県）

〔焼き物産地の雰囲気　味わう〕乳白色の素地に彩色が映える「柿右衛門」をはじめ、独自の技を培った日本磁器発祥の地・有田。「焼き物産地の雰囲気がある。西洋磁器との関係も深く、海外の人にも身近に感じてもらえそう」

このベスト10から以下のことがわかる。

まず、特に「食」に焦点を当てた選出ではないにもかかわらず、食に関連した評価が多いこと。日本の食は、極めて自然な形で評価の対象となっている。

次に、日本の食、特に歴史が古い「和食」や「郷土食」と呼ばれるものは、歴史や地域・風土との結び付きが深いこと。食文化として根付いている証だ。

そして、ベスト10に選ばれるような魅力的な日本遺産では、それぞれが独自の魅力を発信していること。獲得ポイントは概ね万遍なく分散しており、評価が分かれたことを意味する。まだまだ一般的には知られていない場所、食もアピールできる場所が確実にあるだろう。

こうして選ばれた場所はもちろん、魅力のある地域・場所には様々な魅力の要素が融合されていて、それが私たちを惹きつける。食の持つ味や風味だけでは成り立たない複合的なものだ。魅力の要素を以下のようにまとめてみた。一朝一夕ではできない文化として大切にしたい。

●「場」が持つ魅力……土地・風土・自然環境

- ●「品（しな）」が持つ魅力……食については食材や料理
- ●「匠（たくみ）」が持つ魅力……食であれば調理方法やサービス
- ●「伝統」が持つ魅力……興味深いストーリー
- ●「人」が持つ魅力……すべてに関わる人たち

第7章
観光産業をさらに発展させるには

デジタルやネットを通じて観光促進を

日本の観光市場は急成長した。日本政府観光局（ＪＮＴＯ）によると、２０１９年の訪日外国人数は、前年比２・２％増の３１８８万２１００人で過去最高記録を更新。２０２０年は新型コロナウイルスによる鎖国状態で激減した。観光業界は当面の間、主に国内での近隣への旅（マイクロツーリズム）やオンラインツアーに活路を見出さざるを得ない。現在は大変厳しい状況ではあるものの、情報発信をベースにコミュニケーションを継続して、コロナ収束後の来るべき市場回復に備えていただきたいと願う。

政府は２０３０年に訪日外国人数を６０００万人に増やす目標で、そうなると宿泊設備の充実を考えなければならない。

東京、大阪などの大都市は、まずホテル建設で対応できる。それ以外はどうだろう。エアビー・アンド・ビー、略して「エアビー」を含む民泊が最初に思いつくが、農泊、宿坊、伝泊なども提案したい。伝泊とは、古民家や集落といった昔ながらの暮らしを通じて、伝統的、伝説的な文化の体験をすることをいう。これらは、地域の特徴をアピールする宿泊サービスという意味で共通点があり、親和性も高いと感じる。

観光の成長には、「共有」「スムーズ（なめらかさ）」「スマート」「すばやさ」をキーワードとした複合的な情報サービスサイトが必要だと思う。

具体的には、農泊、民泊、宿坊、伝泊の情報を一覧でき、かつ、相互にアクセス可能なサイトやアプリを作ってＰＲに努めること。さらにこのソフトでは、決済サービスもできるようにする、希望の訪問先や宿泊先が満杯の場合、それに代わる提案が出来るようにする、行き先近くの観光名所や美味しい食事処が提案できるようにする、コンビニ、ＡＴＭ、両替所、銀行、コインランドリーなどの場所がわかるようにする、移動手段も自家用車・レンタカー、公共交通機関を含めて提案できるようにする、などの工夫も求められよう。

１つのアプリやサイトが複数の機能を持ち、有機的に連動して使用できるようにする、また、利用者の希望やちょっとした思いつきに応えることでニーズをリアルにしていく、といったソフトは既存の技術で十分作ることができるはずで、出来上がればスーパーアプリ、スーパーサイトとして支持されるだろう。

訪日外国人はもちろん、日本人にもアピールする施策だ。「稼げる地域」を作る取組をして旅行客が増えれば、地方も潤い、食を生業とする人たちに恩恵がもたらされる。

地方は、今こそ成長戦略を見直すべきである。日本はサービス産業を中心として、生産性向上の余地が大きいといわれる。デジタル技術を積極的に活用することで、組織や団体の垣根を越えて融和し、旅行者が直接やり取りができるような情報サイトが必要だ。

日本人には特異な外国人の日本旅行プラン

日本に長めに滞在予定の外国人が、ロンドンからでもパリからでも閲覧できるサイトやアプリがあったとしよう。

「A県B市C町に農泊で4日、宿坊で2日。少し離れた都会に出かけて民泊で3日。あの観光名所を訪ねよう。そしてD県E市に移動。お金はE市F町のATMでおろすことにしよう。郷土料理と地酒の楽しめる店を事前にチェックしておこう。さてさて、移動手段の選択は……」と考えたする。

このようなプランニングが、1つのサイトでできれば便利に違いない。業界を横断する総合的な情報サービスがあれば、訪日外国人観光客の増加に役立つだろう。情報の世界も関連分野の垣根のないクロスボーダーとすれば、時間を効率的に使える、スピーディーに調べることができる、簡単に予約できる、決済や評価もウェブ上で行える、といったメリットが期待できる。

ある話が紹介されていた。訪日4回目となるドイツ人観光客は、中野ブロードウェイと秋葉原と、そして高野山が好きで、東京を中心にエアビーに宿泊しながら日光東照宮に行くという。

東京都中野区にある中野ブロードウェイは、日本のポップカルチャーとそれを取り巻くサブカルを目的に、世界中の日本文化愛好家が集う聖地である。したがって、中野ブロードウェイに行く外国人であれば、日本古来の宗教的聖地、高野山にも行くのも不自然ではない。典型的な日本人にはなかなか思いつかない旅行プランだが、要するに、興味のある場所を素直に選んでいるだけだ。

エアビーの利用者の約９割が外国人といわれる。特に、家族や友人同士が大人数で訪日するときの宿泊先として選ばれているケースが多いようだ。エアビーの利用者は、そもそもホテルを選ばない人が多いという。リピートしてファンになれば、故郷の親戚のような親しさを感じられる存在になるそうだ。エアビーの魅力は農泊の魅力と共通するものがある。

訪日外国人増に伴って受入体制の充実を

観光庁による「訪日外国人の消費動向」（２０１６年調査結果）を見てみよう。

- 訪日外国人の旅行支出＝１人当たり15万５８９６円
- 訪日外国人旅行消費額＝３兆７４７６億円（内、宿泊料金27・１％、飲食費20・２％、買物代38・１％）
- 全目的（仕事などを含む）回答者全体の平均宿泊数＝10・１泊

●観光・レジャーを目的とした訪日外国人の平均宿泊数＝6・0泊（フランス人16・0、ドイツ人14・2、スペイン人12・9、オーストラリア人12・7、英国人12・3、イタリア人12・2、カナダ人10・7、ロシア人10・6、米国人9・5、ベトナム人9・3、フィリピン人9・0、インド人8・8）

●訪日旅行に9割超が満足、「大変満足」が50・4％（国籍・地域別では、英国、ロシア、米国、オーストラリアで「大変満足」との割合が8割超と高い）

●日本への再訪希望者9割超、「必ず来たい」が59・3％（国籍・地域別では、英国、ロシア、米国、オーストラリア、台湾、タイ、フィリピンで「必ず来たい」の割合が7割超と高い。滞在日数最長のフランスは60・1％）

バケーション大国フランスの観光客の宿泊数16・0泊は別格としても、訪日外国人の宿泊日数は私たち日本人の海外旅行での宿泊数に比較すると長いし、大変多くの割合で満足してくれている。再訪を希望してくれる人たちも多い。とてもありがたいことだ。

同じ調査で「観光・レジャー」のみの数字はなかったが、全目的では、日本への来訪回数は「1回目」が40・7％と最も多く、「2回目」が17・4％、「10回目」以上が13・3％もある。国籍・地域別では、イタリアとスペインは「1回目」が6割を超える一方、台湾や香港は「1回目」の割合が2割弱、すなわち、リピーターが多い。

日本経済新聞（2019年11月19日）に、リピーターの感想が掲載されていたので紹介したい。統合型リゾート（IR）を推進する香港企業、メルコリゾーツ&エンターテインメントの会長兼CEOであるローレンス・ホー氏は、5歳で初めて訪日し、これまで400回以上来日したという。ホー氏は香港生まれ、9歳で家族とともにカナダに移住し、カナダ・トロント大を卒業した。

「初めて訪れてから37年の間に日本は目を見張る発展を遂げた。幼い頃に長野・軽井沢で夏休みを過ごした記憶がある。東京から鉄道を3回乗り換え、3時間かけてたどり着いた。新幹線の開通で所要時間は1時間に短縮された。交通の利便性が高まり、言語の壁も薄れた。全地球測位システム（GPS）を使いあらゆる所を歩き回れるようになった。日本は未来と歴史が集まるユニークで特別な場所だ。好奇心を持つ人を満足させる価値がある」

リピーターを満足させるには、Wi-Fiへのアクセスは当然のものとして求められるだろうし、英語などの外国語標識も一層充実させる必要があるだろう。言葉については小型音声翻訳機の機能が向上しているが、これからも進化するだろう。

日本は旅行先としての価値を認められている。受入環境の充実が課題だ。

プロの料理人も巻き込んだ農泊への取組

農泊とは元々、「農山漁村において日本ならではの伝統的な生活体験と農村地域の人々との交流を楽しみ、農家民宿、古民家を活用した宿泊施設など、多様な宿泊手段により旅行者にその土地の魅力を味わってもらう農山漁村滞在型旅行」と農林水産省ホームページでは定義している。1997年に制定・施行された農山漁村活性化法に基づき、都市と農山漁村の共生・対流、また、農山漁村の所得向上を実現する上での重要な柱として位置づけられたもので、単に農家や農村に宿泊するのではなく、農林水産業や地域活性に関わる体験をともなう。つまり、観光的な宿泊というより、地域活性や交流のための体験という意味合いが強かった。

しかし、その後のインバウンド増加による観光業の隆盛に後押しされ、「日本ならではの伝統的な生活体験と非農家を含む農村地域の人々との交流を楽しむ」と位置づけられて、積極的、拡大解釈的に展開されることとなった。

農林水産省のホームページには、農泊関連サイトとして農泊地域の情報を一元的に集約し発信する「農泊ポータルサイト」がある。都会を離れて悠久の時間を過ごす、獲れたての食材を使った料理、自然の中でのスポーツといった情報が掲載されている。

食については、里山・里海と料理・食のプロフェッショナルをつなぐ「サトＣｈｅｆ」というサイトをオープンさせている。サイト内の専用チャットを利用して、農泊地域から料理人に協力を依頼をしたり、料理人から農泊地域への問合せが容易にできる。

農泊地域は、料理人はもちろんのこと、フードコーディネーター、コンサルタント、管理栄養士といった食のプロフェッショナルたちに専門的な視点を期待している。食文化への新しい風だ。料理人たちは短期滞在に限らず長期滞在や移住もあり得るだろう。

料理人たちは、農泊地域の個性溢れる食材や伝統料理、自然環境などを知り、地域独自の食文化創造に参画できる。オリジナル料理のレシピもできるだろう。実際にサトＣｈｅｆの「料理人を探す」を見ると、いろいろな分野の、いろいろな立場から、料理人を募集している。

農林水産省は農泊推進対策、農福連携対策として「農山漁村振興交付金」を支給しており、「地域の創意工夫による活動の計画づくりから農業者等を含む地域住民の就業の場の確保、農山漁村における所得の向上や雇用の増大に結び付ける取組までを総合的に支援し、農山漁村の活性化、自立及び維持発展を推進します」としている。

農泊や地域活性化に力を入れてきたＪＡ

ＪＡグループも農泊への取組を加速させている。農家支援だけでなく、行政との連携、利用希望者への情報発信など、JAの果たす役割は大きい。

JA全農は、2019年度からの3か年計画において、農泊を含めた地域活性化策を取り入れた。農泊予約サイトを運営する企業との提携、体験できる施設や地域紹介サイトの開設、農泊の魅力を伝えるラジオ番組の提供などが始まっている。

JA佐野を紹介しよう。佐野市は2018年1月より観光農園アグリタウンを拠点として農泊事業に取り組んでいる。2019年3月に、佐野市、中山間地域の振興団体などと「さのアグリツーリズム推進協議会」を設立し「農泊」を推進、宿泊場所の確保や体験メニューの充実などで地域との連携を強化し、中山間地域を含む佐野市全体の魅力を発信することで「地域の活性」と「農業の振興」を目指している。

人口12万人、栃木県南部にある佐野市には、年間約870万人の観光客が訪れるが、大半は佐野市の中心である南部に限られていた。佐野プレミアム・アウトレットがあり、佐野ラーメンは全国区として有名、あしかがフラワーパーク（足利市）も近い。日本で唯一国際規格の広さを備える「佐野市国際クリケット場」で多くの国際・国内大会が開催されるなど、インバウンド対応のコンテンツもある。

このような観光客を農業人口減少、空き家、耕作放棄地の増加で悩む北部の中山間地域に呼ぼうというプロジェクトがあり、そのコアになるのが民泊である。北部には美しい自然、農村風景や食文化など魅力ある地域資源が多くある。佐野市には北部の唐沢山とその麓の「梅林公園」、東部には万葉集にも詠まれた三毳《みかも》山とその斜面にある「万葉自然公園かたくりの里」、氷室山を源流とする秋山川と旗川の２本の河川と大滝、五丈の滝をはじめとする様々な滝、といった豊かな自然がある。自然の恩恵を無理なく活用することで、民泊の魅力も倍増するに違いない。

ＪＡ佐野は、佐野市、両毛ムスリムインバウンド推進協議会とともに、世界人口の４分の１を占めるイスラム教徒に特化した「おもてなし」に取り組んでいる。一例を挙げると、インドネシア人女性にいちご狩りを体験してもらったり、そば打ちに挑戦してもらった後、着物の着付けや日本舞踊を体験してもらうイベントなどを実施している。

見直されてきた宿坊の魅力

農泊、民泊、宿坊は、日本の伝統文化や食文化を体験できるだけでなく、宿泊施設の不足解消に役立つ。価格も比較的お手頃なものが多い。

宿坊とは、寺や神社の宿泊施設のこと。本来は僧侶のための宿泊施設だが、現在は一般人にも開放されている。座禅、写経、朝のお勤め、法話、読経、滝行など、普通の宿ではできないことが体験できる。食事は意外と美味しい精進料理だ。

宿坊は、特に、女性や外国人に人気といわれるが、精神的内面性に触れられることが人気の秘密だろう。パワースポット巡りや御朱印収集は、神社仏閣の外側でもできる。

これに対して、「もっと内側に入って、いろいろなことを知りたい」という好奇心がある人や、訪日外国人、特に禅やヨガを親しむ外国人にとって、「せっかく日本に来たのだから、お坊さんが宗教と対峙する場を見るだけでなく、自分も宗教の場を体験したい」と考えるのだろう。何ら不思議はない。

精進料理で避けるべき食材は大きく分けて2つある。1つは動物性の食材で、不殺生が厳格化されたもの。卵や乳製品の扱いは地域や時代によって異なる。もう1つのタブーは「五葷《ごくん》」と呼ばれるネギ科などに分類される野菜で、にんにく、ねぎ、にら、たまねぎ、らっきょうが該当する。これらは煩悩を刺激し、匂いも強烈であるため禁忌とされる。五葷の扱いは地域や時代によって異なり、山椒、ショウガ、コリアンダー（パクチー）を含むこともあるという。

ベジタリアンやヴィーガンにとって、精進料理はまず安心できる料理といえる。数ある伝統的な日本食の一つとして、多くの人たちに味わってほしい。

文化庁の「宗教統計調査」によると、2019年12月末現在、日本における純粋神道系の神社の数は8万4675社、仏教系寺院の数は7万7137社で合計16万1812社。2019年年度末の郵便局数が2万３８８９、コンビニ店舗数は5万５７１０であるから、神社、お寺の数は、それぞれ単独でも郵便局やコンビニの数よりはるかに多い。すべての神社やお寺が宿坊を目指すわけにはいかないが、その実数から宿泊施設としての可能性と、精進料理などの日本文化を提供する文化施設としての可能性が見えてくる。

高野山金剛峯寺の奥の院では、世界平和と人々の幸福を願い瞑想を続けたまま仏になっていると考えられている弘法大師空海に食事を届ける生身供《しょうじんく》の儀式を見学できる。８３５（承和2）年の入定《にゅうじょう》後、今日まで1日も欠かさず続けられているこの厳粛なセレモニーは、1日2回、午前6時と午前10時半に行われる。

御供所《ごくしょ》で調理された食事は、奥の院を統括する高僧と行法師《ぎょうほうし》に渡り、唐櫃《からびつ》に入れられる。その後、嘗試《あじみ》地蔵での味見を経て2人の僧が白木の箱に納めて御廟へと運んでいく。御廟橋を渡って燈籠堂の中へ食事をお供えし、読経して再び御供所に戻る。

生身供のお膳は、すべて火を通した「一飯一汁三菜」の5品、伝統的な精進料理が中心だという。あるウェブサイトによると「時には洋風のアレンジをすることもある」とのこと。

宿坊には、規律に縛られた体験、大広間での集団宿泊、といった古いイメージを持つ人がいるかもしれないが、最近はホテルのような快適な施設が増えてきたし、コテージ風な宿や、親子で気軽に泊まれる施設もある。将来を担う子どもたちが代表的な日本文化を体験し、学ぶことができれば有意義で素晴らしいと思う。

宿坊体験ベスト10と精進料理

前述の「日本遺産」同様、日本経済新聞ＮＩＫＫＥＩプラス１（２０１９年11月23日）に、「親子で泊まろう宿坊体験」として専門家10人によるベスト10が掲載されていたので紹介しよう。

宿坊名（所在地）、見出しとともに、食に関連した記事を抜粋した。肉料理もあって精進料理一色ではないが、まずは体験が大切で、多彩なサービスもよいと思う。ここでは割愛するが、料理以外のサービスや周辺の環境も魅力的だ。

第１位（５１０ポイント）

福智院（和歌山県高野町）　～庭園望む部屋、朝は６時にお勤め～

〝宿坊の多い高野山だけに精進料理が洗練されている〟〝高野豆腐や金山寺わさびなど高野山ならではの食材が味わえる〟

第２位（５００ポイント）

永平寺　親禅の宿　柏樹関（福井県永平寺町）　～「禅コンシェルジュ」がサポート～

〝精進料理は修行僧の食事をつくる「典座（てんぞ）」に直接指導された料理人がつくる〞〝精進料理風の食べやすい子供メニューも用意する〞

第3位（440ポイント）

お宿諏訪（長野県長野市）　～古くからの修行地、アウトドアも充実～

〝料理には赤いジャガイモなどの珍しい野菜、信州サーモン、信州牛といった地元食材をふんだんに使う。「主人自ら打つ戸隠そばも絶品」〞

第4位（410ポイント）

富貴寺　旅庵蕗薹（ふきのとう）（大分県豊後高田市）　～国宝に隣接、地域と交流も～　〝料理には「ぶんご合鴨（あいがも）」など地元の食材を使用。手打ちの豊後高田そばが年中食べられる。子供向けに精進カレーやコロッケなど食べやすいメニューも〞

第5位（350ポイント）

延暦寺会館（滋賀県大津市）　～最澄が開いた延暦寺の檀信徒会館を一般開放～

〝料理は約1時間半、鍋につきっきりで混ぜ続けるゴマ豆腐が名物。子どもには大豆を使ったハンバーグなど食べやすい精進料理もある。喫茶室では「干支にちなんだ守り本尊の梵字（ぼんじ）」がデザインされた『梵字ラテ』が人気」〞

同第5位（350ポイント）

信貴山大本山千手院（奈良県平群町）　～護摩修行、荘厳な雰囲気～

〝食事は地元、奈良の食材を使った会席料理と精進料理のどちらかを選べる〟

第7位（300ポイント）

西福寺　柿の坊（福島県下郷町）　～椅子に座って仏の教え聞く～

〝地元の干物などを使った郷土料理が味わえ、小さい子どもには唐揚げなど食べやすい料理を加えた専用メニューも用意する〟

第8位（280ポイント）

一畑薬師　一畑山コテージ（島根県出雲市）　～和尚に厳しさリクエスト～

〝幼稚園の座禅体験なども受け入れている和尚にリクエストすれば、指導の厳しさを調節してくれるという〟〝食材を持ち込むことができ、別料金で地元の島根和牛を使った「牛しゃぶ」などの材料も注文できる。朝食では寺の「朝がゆ」が食べられる〟

第9位（250ポイント）

安来清水寺　紅葉館（島根県安来市）　～定番の精進料理、子ども向けも～

〝精進料理は定番のゴマ豆腐に加え、大豆などを材料にした「精進うなぎ」のかば焼き、ワラビ粉でつくったイカのお造り風など、「おいしくて量もたっぷり」。前日までに予約をすれば炊き込みご飯や唐揚げなどがついた「お子様ランチ」が食べられる〟

第10位（１９０ポイント）

秋葉総本殿可睡斎（静岡県袋井市）～10万坪の境内で本格修行～

〝大人は精進料理教室などに参加できる〟

一般社団法人全国寺社観光協会では宿坊創生プロジェクトに取り組んでおり、すでに宿坊を運営している寺社だけでなく、新設を考えている寺社も支援している。本来、神社仏閣は観光の対象ではなかったが、時代の移り変わりとともに人々との関係も変化してきた。寺社に接する機会や食文化に触れる機会が増えれば、地域への活力となり、参拝客や檀家の減少などの問題解決にも貢献する。

神社・寺院を中心とした「寺社観光」、そして「精進料理」を中心とした日本の食文化を粘り強く推進すべきだろう。

ZEN、マインドフルネスに通じる日本文化

世界の人々を魅了する京都、龍安寺の石庭。広さは２５０㎡（約75坪）で、同じく超人気観光地のヴェルサイユ宮殿の広さ約１００万㎡とは対照的だ。しかし、規模は小さくても日本にし

かない誇れる文化がある。まだ私たちが気づいていない魅力もあるだろう。歴史ある王道の魅力に加えて、新しい魅力を発掘、発信していくことが大切だ。

アップルの創業者、故スティーブ・ジョブスは禅の愛好家として広く知られていた。フランスで、ZENは「静けさ、シンプルな美しさ、静かにする、落ち着く」を意味する固有名詞や形容詞として使われ、「彼はZENな人」「このインテリアはZENで素敵だ」などと言うらしい。

外国人のZENに対するイメージは、リラックス（relax）、穏やか（calm）、調和（harmony）、瞑想（meditation）などが該当する。禅そのものは宗教でなく修行といえるが、特に、米国人は禅を仏教と考える人が多く、「〝今〟〝ここ〟だけに集中する心の有り様」を表すマインドフルネス（mindfulness）は禅で得られるとしている。

精進料理を含めて、伝統的な日本食は見た目も味もストレスを感じさせないものが多い。美味しさはもちろんのこと、その美しさや穏やかな精神性が日本食の魅力になっていると思う。

伝統文化を伝えるための「伝泊」

「伝泊」というスタイルも登場した。伝泊は「伝統的・伝説的な建築と集落と文化」を次の世代に伝えるための宿泊施設と位置付けられている。

単なる古民家再生や観光事業でなく、「地域で、公共性を強く意識し、地域課題に対し、ビジネスベースでの解決を図るソリューションコア」として取り組まれている。言い換えると、宿泊者に伝統文化を体験してもらい、利益も出し、地域活性化し、持続可能なビジネスモデルにすることだろう。

伝泊は２０１６年に鹿児島県の奄美群島でスタートした。現在、奄美大島、加計呂麻島、徳之島の３島では15棟を展開している。奄美の家は強い風雨に耐える平屋の高床式でサンゴ石の石垣や生け垣で守られており、こうした古民家をリノベーションして宿泊施設として活用する。

奄美のプロジェクトは日本政策投資銀行が支援している。仕掛け人のデザイナーは奄美大島出身で、東京・渋谷の建築事務所「アトリエ・天工人《てくと》」を経営する山下保博氏だ。伝泊の施設も一般向け、高級バージョンのインバウンドや富裕層向けというように、ニーズに合わせて提供される。

宿泊施設だけではない。奄美大島北部・赤木名集落にある「まーぐん広場」は、スーパーマーケットだった建物をリノベーションして、ホテル、有料老人ホーム・デイサービス、カフェ・レストラン、特産品店舗などを併せた地域コミュニティーのコアとして生まれ変わった。「まーぐん」は奄美の方言で「みんな一緒に」を意味する。イベントも連日のように開催されていて、観光客、地元住民、健常者、障がい者を含めた、老若男女問わずあらゆる世代が集う、まちづくりのモデルケースになっている。

長崎県平戸市のシンボル、平戸城は2021年4月のスタートを目指す「城泊」の舞台となる。山下氏の建築事務所がデザインし、城内の「懐柔櫓《かいじゅうやぐら》」を改修して宿泊施設とする。懐柔櫓は2階建で、広さは一般的な一軒家ほど。かって平戸市が先行して無料の城泊企画を実施したところ7500件の応募が殺到し、内4000件は海外だったとのこと。インバウンドの関心はとても強い。

第8章

気候変動対応待ったなし

深刻化する気候変動危機

米国のコンサルティングファーム、ユーラシア・グループ社長で世界の政治的リスク分析に定評のあるイアン・ブレマー氏の発言に注目が集まっている。2019年12月、同氏は「気候変動の要素が多くの人たちを不安にさせている。近年、異常気象の頻度と深刻さは世界レベルで増しており、取り組まなければならない重要な政治課題になりつつある」と発言し、2020年1月6日に発表した2020年の世界の「10大リスク」の7番目に「気候変動に関する政治と経済」を挙げた。

2021年の世界の「10大リスク」でも3番目にグリーン化を挙げ、「従来より野心的な気候変動対策による企業や投資家のコスト」、および各国・地域の協調を「過大評価することによるリスク」と指摘した。

スウェーデンの環境活動家、グレタ・トゥーンベリさんは、米タイム誌が選んだ2019年の「今年の人」。2003年1月生まれのティーンエイジャーだ。彼女は2019年9月、ニューヨークで開催された国連気候行動サミットで演説し、各国指導者に対して温暖化対策の手ぬるさを糾弾した。「How dare you!」（よくもそんなことができますね）の言葉とともに、CO_2排出量を今後10年以内に半分にする今の案でも温度上昇を1・5度にとどめられる確率は50％にすぎないと警告した。

国連の気候変動に関する政府間パネル（ＩＰＣＣ）が２０１９年9月に公表した特別報告書によると、世界の平均海面は１９０２年から２０１５年の間で12～21㎝上昇、温暖化対策しなかった場合、今世紀末までに61～１１０㎝上昇する可能性があるとしている。

気温上昇による火事も増えている。オーストラリア東南部のニューサウスウェールズで２０１９年頃から頻発した森林火災の消失面積は、同州に限っても同年末時点で3万㎢にも及んだ。同年、山火事は米国でも猛威をふるい、同年末の西海岸3州（カリフォルニア、オレゴン、ワシントン）の消失面積は、東京都の面積の20倍以上にあたる5万２０００㎡であった。その主な原因は記録的な熱波と干ばつだ。

ブラジルを中心とするアマゾン熱帯雨林地域でも２０１９年以降、山火事が増えた。カリフォルニアの山火事発生はよくあることだが、問題は１９８０年代以降、山火事は激しさと規模を増して、カリフォルニアでの大規模な山火事の20の内、15が２０００年以降に発生していること。カリフォルニアの夏の気温は過去１００年の間に1・4度上昇したといわれる。気候変動によって暖かくなった大気が、１００年前とは比較にならないほど植物を乾燥させているのである。

２０１９年は日本でも大型台風15号、19号が甚大な被害をもたらした。日本で竜巻が増えた理由や都市に多いゲリラ豪雨も、地球温暖化と関連付けた議論が多い。

グレタ・トゥーンベリさんのタイム誌選出には批判もあったが、この若き闘士の功績は、地球が直面している最大の問題において最大の声となり、世界規模の運動をリードする役割を担ったことだろう。彼女は実際「私の言うことよりも科学者の言うことを聞いてほしい」と訴えている。

気候変動危機に対する世界共通の目標、パリ協定

現代における気候変動に対する国際的な取組がパリ協定である。パリ協定は2015年にパリで開催された第21回気候変動枠組条約締約国会議（COP21）で採択され、2016年11月に発効した、2020年以降の温室効果ガス排出削減等のための新たな国際的枠組みである。

以前の気候変動の国際的取組には1997年に採択された京都議定書があるが、京都議定書では排出量削減の義務を先進国のみに課しているのに対し、パリ協定は世界の2大CO_2排出国である米国と中国、および途上国を含むすべての国に対して排出削減の努力を求めている。

パリ協定では世界共通の長期目標として、「世界の平均気温上昇を産業革命以前に比べて2度より十分低く保ち、1・5度に抑える努力をする」という「2度目標」と「1・5度目標」の2つの

を謳っている。

２度と１・５度とでは、後者のほうが様々な弊害を抑えられるわけで、ＩＰＣＣでは２０１８年10月に「Global Warming of 1.5°C」＝「１・５度特別報告書」を発表している。その中で、地球温暖化の国際的権威、環境学者のヨハン・ロックストローム博士は、早ければ２０３０年にも地球の気温は１・５度上昇するとしている。

また、同報告書では、パリ協定に向けた各国のCO_2削減目標を達成したとしても、２０３０年には３度の上昇が見込まれると指摘。したがって、さらに厳しい削減が必要であり、２０３０年では２０１０年比で45％の削減、２０５０年には実質ゼロにする必要があるとしている。すなわち、大幅削減は30年後に達成されればよい課題ではなく、今、求められている課題なのである。

２０１６年の温室効果ガス排出量シェアをみると、中国が23・２％で１位、以下、米国13・６％、ＥＵ10％、インドとロシアが５・１％、インドネシア３・８％、ブラジル３・２％と続いて、ワースト８位の日本が２・７％となっている。このような状況で、パリ協定からの離脱を宣言した米国のトランプ前大統領に異を唱える声が大きかったのは当然だろう。バイデン新大統領はパリ協定復帰に署名しており、国際協調路線を前進させるリーダーシップが期待される。

米国は世界的リーダーの座を降り、中国・ロシアは自己中心的なため、国際秩序は段々不明瞭になってきた。気候変動のような世界の共通課題には鋭敏な感覚と普遍的な良識を備えた判断が強く求められる。

CO_2排出削減の取組を加速させる

地球温暖化問題が最初に取り上げられた国際会議は、1992年6月にブラジルのリオ・デ・ジャネイロで開催された「環境と開発に関する国際連合会議」、通称リオ・サミットである。これをきっかけに「気候変動に関する国際連合枠組条約」が生まれ、その締約国によって気候変動枠組条約締約国会議、略称「COP」が開かれるようになった。

1995年、独ベルリンでのCOP1を皮きりに毎年11〜12月に開催され、2019年にはスペイン・マドリードでCOP25が開かれた。なお、COP26は2020年11月に英グラスゴーで開催される予定だったが、新型コロナウイルス感染拡大により、2021年11月の同地開催に延期された。

気候変動、すなわち地球温暖化のメカニズムは、人間の活動によって排出された温室効果ガスの大気中濃度が増加し、地表面の温度が上昇することにある。温室効果ガスにはいくつかの種類があるが、そのうちの76%が二酸化炭素＝CO_2であるため、CO_2排出削減が気候変動対策の中心となっている。

ＣＯＰ25で国連事務総長は、石炭火力発電に対し「唯一にして最大の障害」と明言し、「多数の石炭火力発電を計画・新設している地域がある。『石炭中毒』をやめなければ、気候変動対策の努力は全て水泡に帰す」と述べている。その「地域」とは、まさしく日本を指したもの。今なお途上国に対して石炭火力発電所の輸出支援をしている日本を名指しで批判したのである。また日本は、世界の環境団体でつくる「気候変動ネットワーク」から地球温暖化対策に消極的な国に贈られる「化石賞」にブラジルとともに選ばれた。

石油や天然ガスといった化石燃料による発電の中でも、石炭発電のCO_2排出量は非常に高く、持続可能な社会の実現の観点からも、再生可能エネルギー（renewable energy）への早期転換、しかも再生可能エネルギー１００％、「ＲＥ１００」が世界のキーワードとなっている。

「飛び恥」を戒めよ

交通機関では航空機がCO_2排出の槍玉に挙げられている。

２０１９年秋以降、「飛び恥」という言葉がちょっとした流行語になった。これを聞いたとき、新垣結衣と星野源の主演で人気のあったテレビドラマ「逃げるは恥だが役に立つ」と関係あるのかと思ったが無関係。
「飛び恥」は英語では「flying shame」や「flight shame」と訳されているが、大元はスウェーデン語の「フリュグスカム（flygskam）」のようだ。CO_2を大量排出する飛行機の利用を恥じ、鉄道や船を使い環境への負荷を減らそうという考え方である。グレタ・トゥーンベリさんが２０１９年９月の国連気候行動サミットに招待されたとき、鉄道とヨットでニューヨークまで移動したことから注目を集めた。

航空機の実際の手控えは難しいように思えるが、２０１９年12月にスイス金融大手ＵＢＳが発表した欧米やアジアなど８か国の消費者を対象とした調査によると、回答者のうち、37％が過去１年間に飛行機の利用回数を減らし、25％が利用減を検討しているという。回答者を欧米４カ国に限定すると、利用回数を減らした割合は42％、同年５月調査が21％であったから２倍に増えている。

国際航空運送協会（ＩＡＴＡ）の調査では、２０１８年の航空業界のCO_2排出量は約９億トンで、世界全体の約２％に相当する。また、別の調査では、民間航空機のCO_2排出量は過去５年で32％増え、先進国発のCO_2排出量が全体の約６割を占める。その対応の一例として、ＫＬＭオランダ航空は鉄道会社と連携し、２０２０年３月からアムステルダム・ブリュッセル間の便数を減らし鉄道サービスを提供した。

航空業界のCO_2排出削減の方法はいくつかある。具体的には、①新しい技術の導入（航空機の軽量化もあれば自動車のようなハイブリッド化も）、②バイオ燃料の普及促進（複数の原材料混合の他、廃食用油、都市ゴミなどの利用）、③ジグザグな飛行経路から直線的な運航方式への効率化、④空港施設における省エネ・省CO_2削減対策などである。

ところで、航空機のCO_2排出問題から連想して、大気圏について調べてみた。

大気圏とは地球を取り巻く薄い大気の層で地表から近い順に、対流圏・成層圏・中間圏・熱圏・外気圏の５層からなっており、概ね対流圏が地表～10㎞、成層圏が10～50㎞、中間圏が50～80㎞、熱圏が80～８００㎞、外気圏が８００～１万㎞。

ただし、国際航空連盟では地表から１００㎞より外側を「宇宙」と定義しており、１００㎞を超えるとほとんど空気はなくなる。登山をするとわかるが、高度の高い場所は酸素が薄い。標高３７７６ｍの富士山での酸素濃度は平地の約62％、８０００ｍ超のエベレスト級で35％、１万ｍとなると26％しかない。

地表からおよそ１万ｍ、すなわち10㎞上空が対流圏と成層圏の境に当たり、航空機はこの辺りを飛んでいることになる。航空機は地上の約４分の１の酸素濃度の領域で酸素を大量消費するから、単なる酸素消費量の問題だけでなく副次的影響も大きいと推測される。

１９９９年、ＩＰＣＣは「航空と地球大気」という特別報告書を発表した。それによると、ジエットエンジン排出物は少量であっても大気に与える影響は無視できないこと、成層圏には雨が降らないので地表付近のような大気の洗浄がほとんど行われず、排出された気体や微粒子が成層圏内に長く滞留・蓄積すること、成層圏の強い空気の流れによって排出物が地球全体に容易に拡がること、などが指摘されている。また、有害な紫外線を吸収するオゾン層への影響も長年研究されている。

気候変動は私たちが享受している文明の利便さや生産活動と密接な関係にある。気候変動への対策は地球を守ることと同義であると実感できるが、いかがだろうか。

忘れてはいけない過去の環境汚染

日本は世界を相手に食・農業を展開していくのだから、安心安全と密接に関係する環境指標においても世界のお手本であるべきである。ここでは負の歴史を振り返って戒めとしたい。日本の高度経済成長期における大気、水質、土壌の汚染はひどいもので、各地で公害病が発生した。中高年の方は、当時の水質汚染や光化学スモッグを覚えていると思う。

１９５０年代では東京湾に1億匹以上のハゼが棲息していたが、１９８０年代には1千万匹、現在は10万匹くらいと推定されている。東京湾の水質は高度経済成長期に最悪の状態となり、

１９７１年に「水質汚濁防止法」が施行された。その後、ごみや油の回収が行われ、排水も規制されるようになって東京湾の水はきれいになった。目に見えるごみもなくなった。にもかかわらず、水質は一向に改善しなかった。なぜかというと、海底にたまったヘドロが水質に影響を与えていたのである。

１９８０年代以降、海底の状態も良くしていこうという対策が進められて、水はようやくきれいになったものの、昔より生き物が減ってしまった。海の「いのち」を取り戻そうということになったが、そのためにはゴカイなどの魚のエサやアサリを投入するといった単純な行動では効果がほとんど期待できない。東京湾で多様な生き物が長く棲むには干潟の造成が必須である。干潟によって生態系を再生させるのであるが、これにはとても長い時間がかかる。

自然環境を当然の権利として好き勝手に利用していると、自然からは逆襲ともいえる手痛い反発を受ける。いかにして自然環境と共生していくかは、農林畜産業・漁業において重要なテーマで、何より環境への配慮が必要だ。

水俣病という悲惨な公害、深刻な環境汚染があった。高度経済成長期に発生した公害の原点ともいわれる水俣病は、チッソ水俣工場の工業廃水に含まれた有機水銀が魚介類の食物連鎖により濃縮され、魚を食べた人が中枢神経を侵されるという病気だ。重篤な場合は狂騒状態から意識不明、さらに死亡にいたった。

1959年より患者の認定が開始され、2009年7月にようやく被害者の救済と問題解決に関する特別措置法が成立した。水俣病資料館によると、2020年5月末現在で公式に認定された患者は2283人、そのうち1963人が死亡者であるほか、今なお、救済だけでなく差別や仲裁などを含む問題が残っている。

水俣病はSDGsやESGの目標と対極にある、人間の尊厳を踏みにじる事故、犯罪である。こうした公害や環境汚染の深刻さと、回復までに費やされる時間とエネルギーは計り知れず、悲しみは癒えない。我が国で起こった悲劇は、当たり前のことを当たり前に実行していく環境保護の難しさを示している。

第9章

持続可能で効率的な物流のために

「送料無料」が深刻化させる物流危機

農産物・食料品に限らずトラックドライバーの不足と長時間労働が問題となっている。ドライバー不足に加えて、働き方改革を目指す改正労働基準法によりドライバーの拘束時間の上限規制が強化され、長距離輸送の維持が難しくなってきた。そのため、長距離輸送の現場では中継輸送などの対応に迫られている。

ここ数年上昇している物流コストはいっそう上昇する可能性がある。しかし、そのコスト増加分は商品の価格に適切に反映されてこなかった。トラック業界は原価積上げの運賃計算ではなく、運賃が低下すればドライバーの賃金を引き下げたり、利益を下げる形で原価を圧縮してきた。原価を運賃に適切に反映してこなかった。

こうした無理が続き、低賃金、長時間労働を強いる労働環境を生み出し「物流危機」と呼ばれる深刻な人手不足を招いた。

価格競争力維持のために、コスト増の価格への転嫁をためらう気持ちもわからないでもないが、適正なコストの反映をしないと必ずどこかにしわ寄せがいく。そうした状況が続くと、その産業の維持そのものが困難になっていく。

消費者向けの「送料無料」キャンペーンがあるが、商取引の中で実質的な送料無料はあり得ない。確実に生じるコストである。鮮度維持が必要で重さもある食料品や農水産物・畜産物の物流コストはその適切な水準を検証すべきではないか。運送ルートの見直しや一元化、近距離市場での販路拡大だけでは限界がある。

２０１９年4月施行の改正労働基準法により、トラックドライバーの拘束時間の上限は１日13時間を基本とし、次の運行まで8時間以上の休息が必要となった。たとえば、福岡市から東京までの距離は山陽自動車道を経由して１０９１㎞。時速80㎞で走ったとして13時間38分、もちろん、これに休憩時間がかかるので、ドライバー2人体制や中継地での宿泊で対応せざるを得ず、コストも増える。

九州では青果物を敬遠する業者が増えており、産地と市場が変わらなければ5年以内には九州から関東へ荷物が運べなくなると危惧されている。福岡市より東京に近い市町村でも自動車道の整備状況や渋滞によって予想以上の時間がかかることもある。遠距離だけでなく近・中距離も含めた包括的な見直しと改善が必要だ。

輸送業者の本来の業務は輸送であり、荷受けは市場などの買い手の作業である。しかし、青果物輸送では産地での積込みは輸送業者、というより、ドライバーが無償で担うことが多い。その際、荷物をトラックの荷台に直接載せる手荷役の「じか置き」が多く、2時間以上かかるきつい仕事なために、若手に敬遠されているのである。

予冷による輸送改革

輸送体制を改革する産地もある。ＪＡ宮崎経済連では、選果場で集めた青果物の一部を予冷庫で保存し、翌日出荷するようにした。出荷前日に出荷量が確定するため、業者はトラックの手配がしやすくなる。また、朝早くから積込みできるため、時間的余裕もできる。

産地は予冷庫の使用によってコスト増となるが、経済連は「輸送業は物流の基盤。消費地への安定した輸送をするための歩み寄りが必要」と説明している。収穫から市場に届くまで１日伸びることによる生産者の反発があったというが、予冷したほうが鮮度維持できることや、輸送業者の厳しい状況を経済連担当者が粘り強く説明し、理解を得たとのこと。

青果物流通に限らず、物流は、輸送業者だけに改善や改革を迫るのでなく、生産者や産地の関連企業・団体、市場、消費地の関連企業・団体、そして消費者も自分の問題として受けとめて、どのようにすれば維持を前提に合理化できるのか、話合いの機会をつくり実践していくことが必要だろう。

繰り返すが「送料無料」は存在しない。私たち消費者は、ややもするとモノの価値に比較してサービスの価値を低く見ている。実体が見えにくいから、サービス価値への理解が浅い。そのため、物流コストを非情なまでに値切るといった考えに至るのではないだろうか。

物流という必要不可欠なサービスの価値をきちんと再評価し、できる合理化を推進し、やむなく生じるコスト増は、消費者を含む関係者で応分に負担する体制が必要だろう。

労働環境を改善するホワイト物流

国レベルで改善への動きがある。国土交通省、経済産業省、農林水産省は２０１９年3月から「ホワイト物流」推進運動を始めた。長時間労働などがドライバー不足の一因であるとして、荷主らに対し、労働環境改善の重視と、物流改善の取組を働きかけるのがこの運動である。賛同する企業は具体的な取組方針を宣言する必要があり、２０２０年12月末現在で１１３６社の企業・団体が参加、トラック輸送の生産性向上、物流の効率化を通じて、よりホワイトな労働環境に改善することを目指している。

農産物販売において大きな役割を果たし影響力も強いＪＡ全農は２０１９年9月27日、６項目からなる「自主行動宣言」を、「ホワイト物流」推進運動事務局に提出した。内容は以下のとおり。

① **物流の改善提案と協力**……荷待ち時間や手作業での荷卸しの削減、附帯作業の合理化等について、真摯に協議に応じます。

②**パレット等の活用**……パレットやカゴ台車等を活用し、手荷役時間を削減します。

③**幹線輸送部分と集荷配送部分の分離**……幹線輸送部分と集荷配送部分の分離について相談があった場合は、真摯に協議に応じます。

④**集荷先や配送先の集約**……配送拠点の整備や保管倉庫等の活用を通じて、物流の効率化をはかります。

⑤**運転以外の作業部分の分離**……運転業務と運転以外の附帯作業の分離について、真摯に協議に応じます。

⑥**船舶や鉄道へのモーダルシフト**……長距離輸送について、フェリーやRORO船、鉄道等の利用に転換します。

ホワイト物流賛同企業数は着実に増えつつある。運動が持続し大きな力となれば、物流の内容、価値、業界の位置づけ、業界で働く人たちの労働条件と幸福度も向上していくだろう。物流の恩恵を受ける企業・団体、消費者といった、ほとんどすべての関係者にとってストレスが少なく、満足度の高いサービスを享受できるだろう。

物流サービスのために消費者ができることもある。宅配サービスの再配達を防ぐため受取りを近くのコンビニに指定する、不急の場合は急ぎの配送を指定しない、過剰包装や梱包にノーと言う、などの意識改革が必要だ。

時間短縮と省力化は世界のキーワード

輸出は輸送距離が長くなり輸送方法も異なるため、国内物流と比べて品質、特に鮮度を下げない工夫が一段と大切になる。日本にとって食品・農産物の最大の輸出先である香港へは、神戸港からコンテナ直行船で3日、関東地方の港からは4日以上かかる。しかも、コンテナは混載になることが多く、野菜や果実は適切な温度や湿度が商品によって微妙に異なるため、様々な配慮が求められる。コンテナ内部や流通経路の管理には、ノウハウを有する専門家の協力が欠かせない。

日本の焼き芋が香港やシンガポールで爆発的な人気となったが、その理由は外国人が日本で食べた焼き芋の美味しさに感激したからだといわれる。海外の消費者が自国で食べたときに日本と同じ味を楽しめることがポイントで、輸入先では品種に合わせた貯蔵や焼き方の工夫もして、品質管理を徹底している。

シンガポールで販売される日本産の青果物は、航空便を使うと日本の小売価格の3～5倍になってしまうが、船便で鮮度を維持しながら運べば1・5～2倍の範囲に収まるので、より多くの人たちに手に取ってもらえる。在留日本人だけでなく、現地の人たちに楽しんでもらうことが大切だ。

ＪＡ全農香港事務所では、インターネットを使って夕張メロンなどの高級果実を販売している。宅配サービスへの信頼度が低く、客の８割近くは自ら事務所に出向いて直接引き取るという。生鮮食料品は温度管理の問題も大きい。

インフラ事情が異なる海外では日本と同じ感覚での販売・流通は難しいため、現地への適応や工夫が大切になってくる。

炊きたてご飯を提供する日本食レストランでは、無洗米を使用するチェーン店が出てきた。炊飯器を使って１日に何度も炊く手間が省けると、従業員の作業時間に余裕が生まれ接客サービスの改善につながるという。手軽に調理できる美味しい無洗米が広まれば、日本食を楽しむ習慣や文化の後押しにつながるだろう。時間短縮と省力化が世界のキーワードとなっている。

共同物流で効率化を推進

食品流通では、共同物流に取り組む新たな食品物流会社、Ｆ－ＬＩＮＥが２０１９年４月に発足した。大手５社からの出資からなり、資本金は24億８千万円。味の素＝45％、ハウス食品グループ本社＝26％、カゴメ＝22％、日清フーズ＝４％、日清オイリオグループ＝３％という出資比率である。売上規模約１０００億円、車両台数約６００台、従業員数２５５０人、メーカー直轄の全国ネットワークを持つという概要だ。５社は、各社が保有する倉庫の共同利用や、複数の企業の商品を同じトラックに積み込むといった効率的な配送を行い、特に配送量の多い首都圏での物流効率化を目指す。

事業内容は、いわゆる貨物自動車運送事業だけにとどまらない。荷物の輸送を依頼する荷主と、実際に航空機や船舶、トラック、鉄道などで輸送を担当する業者との間で運送の円滑化を図る貨物運送取扱事業のほか、倉庫業、通関業、港湾運送事業なども含む。各社の物流ノウハウや人材の融通・融合を進めて、永続的な物流競争力を実現し、その経験から得られる知見とノウハウを物流業界に広めてほしいものだ。

ディスカウントストア、ビッグ・エーは、取引先メーカーとの共同物流を始めた。従来、メーカーが千葉県や埼玉県に点在するビッグ・エーの複数の倉庫に商品を届けていた仕組みを変更する。メーカーには最寄りの自社倉庫に商品を届けてもらい、ビッグ・エーは各メーカーの商品をビッグ・エーの倉庫に搬送する。メーカーは納品のためのコストを減らし、ビック・エーはメーカーと交渉して商品価格を抑えることができる。

このような巡回集荷はミルクラン方式と呼ばれるが、これとは別に、店舗に配送した後の空のトラックに商品を積んで都内のビッグ・エーの物流倉庫に持ち帰るというバックホール方式、すなわち帰り便の利用にも取り組む。

帰り便システムを利用して、賞味期限切れに近い食品を寄付食品として物流センターに一括集約し、寄付サービス推進団体などに引き渡す方法なども実用化されている。寄付食品の回収効率も上がり、より多くの店舗が活動に参加できるようになったという。無理なく福祉に貢献できることが素晴らしいと思う。無理なく自然にできれば持続できる。

食品流通にもDXの波が

近年、DX＝デジタルトランスフォーメーションという言葉が使われるようになった。DXとは単なるIT化・AI化の〝推進〟ではなく、デジタル技術を企業のビジネスモデルや生活様式に取り入れて、より良いものへと〝変革〟することをいう。概して欧米や中国企業が先行しており、日本企業の遅れが指摘されている。

食品流通については、1つの分野だけではなく、関連するすべての分野で最適化されることが必要となる。そして、ようやくDXの動きが食品流通にも見られるようになった。

2019年12月、三菱商事は、DXによる食品流通改革について発表した。NTTとの共同出資会社を通じて、食品流通分野での需要予測など、業界を横断する共通プラットフォームを立ち上げた。共同で知的財産権を管理し、ゆくゆくは外部にもシステムを販売していく方針だ。

三菱商事の子会社のローソンなどが持つ膨大なＰＯＳデータをもとにして商品の需要予測の精度を高めることができれば、メーカー、卸売、小売の間で生じている無駄な仕入れが削減できる。

食品廃棄ロスの軽減など流通業界の構造的な課題解決にもつながる。小売店は品切れを避けるために卸売に多めに発注する傾向があり、卸売でのあまりに余分な在庫が大量廃棄ロスを発生させてきた。廃棄ロスだけで卸売純利益を30％以上押し下げる場合もあり、デジタル技術による収益改善が期待されている。

消費は百貨店や小売店からネット通販へと変わってきている。消費者に近い〝川下〟に起きている変化は、卸売と小売をつなぐ伝統的な流通システムの一部を陳腐化させる。それは食品・農産物の流通でも例外ではないだろう。

従来、受発注に必須な商品コードに関して、メーカー、卸売、小売の3者間において、各社が違うコードを使っているため、各社の従業員が照合するために相当の労力が割かれてきた。こうした旧態依然とした業務も、ブロックチェーンの利用により、企業によっては千人規模で対応していたものが数百人単位で効率化できるといわれる。

◆産業DXの一例　— 食品流通DXの概念図 —

データの連携により、食品ロスの削減や食品配送の効率化を行う

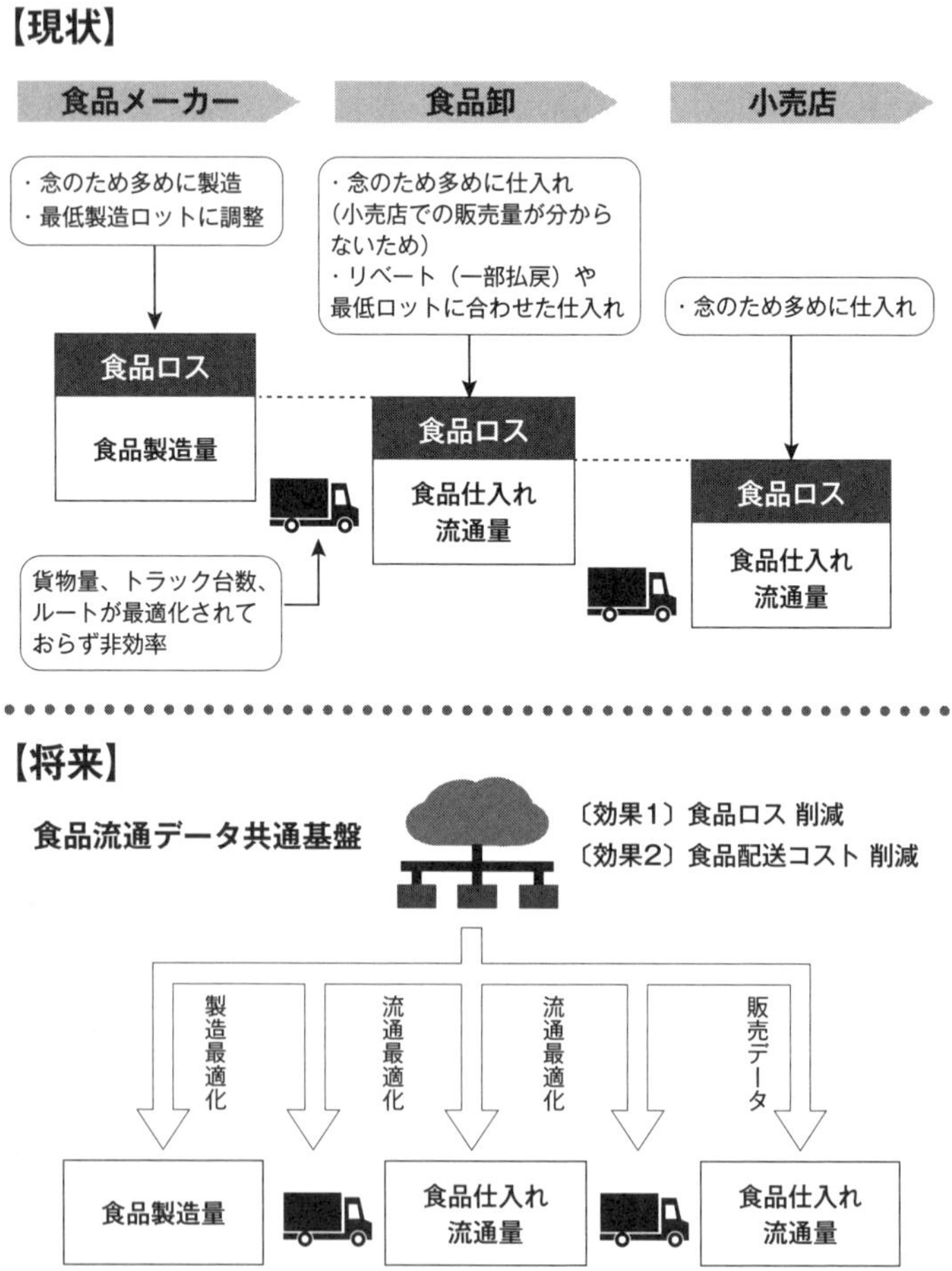

出所）「三菱商事株主通信2020年6月 No.50　2019年度報告」より編集

原産地から店舗までの流通過程をきちんとトレースする仕組みができれば、商品の鮮度や安全性を証明することができる。さらに、ビッグデータの解析による配送ルートの最適化により、トラックの台数を減らすこともできる。

食品・農産物は品質維持や賞味期限といった特徴などのため、その流通に特殊性がある。しかしながら、他業界であっても流通改革の優れた点を積極的に知り、取り入れる姿勢は欠かせない。そうでないと、流通におけるガラパゴス化を招いて他業界・他商品との共通部分や協調部分がなくなっていく。産業界で孤立すれば、その流通コストは途方もなく高いものになってしまう可能性がある。

ラストワンマイルの効率化

２０２０年６月、三菱商事とＮＴＴはオランダの大手位置情報サービス会社、ヒア・テクノロジーズに出資すると発表した。ヒア社は自動運転向けのデジタル地図で先行、グーグルなどより地図の精度が高いという。世界約２００の国と地域の地図情報を持つ一方で、産業への知見とアジアでの事業基盤が欠けていた。この部分を日本企業連合が補い、日本や東南アジアでトラック輸送や配送ルートの効率化、特に、「ラストワンマイルデリバリー」の効率化支援などを展開する方針とのこと。配送の効率化ではＡＩが効率的なルートを選んだり、道路の混雑状況を踏まえて到着予定時刻を推定するサービスを想定しているという。

物流ロジスティクスでのラストワンマイルとは、最寄りの基地局から利用者までを結ぶ最後の区間のこと。供給側の手を離れて利用者の手に届くまでの最後の配達をいかに効率的に行うかがカギとなる。

米国ではサンフランシスコを中心に、このサービス強化を目的としたスタートアップが次々に誕生している。配送者をクラウドソーシングして、店舗や商品の中継地から利用者の家まで効率的に輸送する。人間でなくロボットに配達させる方法も検討されているという。

多額の事業投資ができる大手総合商社の流通デジタル化への参入は、幅広い業界に大きな影響を与える可能性が高く、その動向を注目したい。

農業の物流では旧システムを打破する改革を

日本の農産物流通は、システムの水準こそ高いレベルにあるが、その構造と運営は改善の余地があるようだ。農産物を産地で大量生産した後、大都市の中央卸売市場に集荷し、各地の消費地に分散させるシステムが主流で、これを「転送」と呼ぶ。

戦後、農産物を全国に行き渡らせることができなかったことから、転送は需給バランスの調整や価格安定に貢献できる合理的な方法だった。しかし、現在では長時間輸送中の鮮度の劣化や物流コストの上昇につながるため、結果として生産者利益を圧迫するケースが多いようだ。東京で２００円の値段がつく野菜の流通コストが、75％の１５０円になる場合もある。生産者である農家が手にする利益は推して知るべし。流通は農業の抱える根本的な問題だ。

大規模流通システムは均一な食材を全国に安定して大量供給できるため、大手スーパーマーケットなどに向けた配送では引き続き有効だ。しかし、多様な需要にきめ細かく対応するには、統一した方法ではなく、地域の実情とニーズの特性に合わせた流通サービスが必要になってくる。

近年の消費者は、良いモノ、新鮮なモノ、安全・安心なモノは多少高くとも食べたいと考えている。生産者や販売店も無添加、有機栽培、ブランド野菜・果物といった付加価値の高いこだわりある商品を提供するようになってきたが、大規模流通システムは、こうした比較的小さいロットへの対応が難しい。

地産地消はその解決策の１つ。複数の生産者を巡回して集荷し、飲食店へ販売したり自社店舗で販売したりする事例が活発になってきている。

限られた地域にとどまらない事例もある。農業ベンチャー、プラネット・テーブルの創業者で、元モルガンスタンレー証券・投資銀行部門でM&Aや上場支援を担当した菊池紳氏は、農畜水産物と飲食店をつなぐ流通支援プラットフォーム「SEND」を構築した。その仕組みはこうだ。

大型冷蔵庫と配送用のワンボックスカーを所有し、全国の生産者に発注した農産物を自社に送ってもらい都心部のレストランなどに配送する。飲食店には近隣の市場にない野菜でも1個単位で配送してくれるメリットがある。生産者にとっては高く売れて簡易包装で送れるメリットがある。

生産者への発注は、飲食店の注文履歴や天候から需要を予測して最適な生産者を選ぶ。卸売業者を通すことなく「適菜適所」でロスをなくすため、販売価格の7~8割を生産者に還元できることもあるという。2020年6月現在、7500軒のレストラン登録がある。

新たな流通構造を作り出していくことはイノベーションとなる。生産、流通、消費の3つが合理的、機能的に結び付いていることが理想。当事者意識を持ち、目標となる課題を明確にして、そこに至るまでの具体的なシナリオを描き、そして実行することが大切だ。

利益を生む創造的プロジェクトは、必ずしも多額の資金や途方もないハイリスクを伴うものではないようだ。問題は因習や思い込みにあることも多い。転換点は課題や危機と衝突する場所にある。知恵が原動力となってイノベーションを生むきっかけとなる。

自由競争に突入した卸売市場

２０２０年6月21日、改正卸売市場法が施行された。これによって、従来、都道府県や20万人以上の都市に限り認可されてきた中央卸売市場は、国が認可すれば民間企業でも運営が可能となった。

本格的な自由競争である。卸売市場の閉鎖や機能の衰退を懸念する声もあるが、現代の生鮮食料品の流通事情は、中央卸売市場法が制定された１９２３年当時とは大きく変わっている。需要が生産を上回っていた時代には、卸売市場は迅速な配送と適切な価格維持を機能として貢献したが、現代は生産が需要を明らかに上回る。生鮮食料品の鮮度を維持する技術は向上し、消費者は多くの種類やブランドから特定の商品を選択する時代となった。インターネット通販など卸売市場を経由しない市場外取引も増えている。

こういった時代の変化にあって、民間企業の参入による輸送効率の向上、流通コストの削減が期待されている。農家が販路を広げて利益を高めたり、産地直送や輸出促進にもつながる可能性もある。

従来の卸売市場は、市場間ネットワークのＩＴ化促進により、それぞれの卸売市場の需給情報を共有して市場間での商品の過不足を調整する機能が求められるだろう。

これまで卸売市場が果たしてきた役割が一気に後退するとは考えられないが、存続のためには市場の連携、施設更新を含む経営戦略の見直しが必要で、協調や提携だけでなく統合も視野に入ってくる場合もあると推測する。

ところで、流通の重責を担ってきた卸売市場は自ら変革も必要だが、流通プラットフォーム再構築のリーダーシップを取れる立場にあると思う。

民間企業の参入が卸売市場業界の活性化を促すならば、既存の卸売市場にとっても新しいビジネスチャンスが生まれるだろう。卸売市場には、規格・ルールや配送について既存市場としての経験とノウハウがある。ＨＡＣＣＰ、ＧＡＰなど国際ルールへの対応も、いっそう重要となってくる。

産業界の垣根が低くなり、規格やルールなども共通項目が増えてきている。今後は生鮮食料品の流通といえども、他産業の流通と違和感のない共存が必要だろう。そうであれば、既存の市場と新規参入企業双方の知見を融合することで、実際的で効率の良い業務ができる。

終章

未来への機会に焦点を当てる

食だけが持つ根源的な需要を見直そう

食を支える農林水産業・畜産業には様々な問題が挙げられるが、世界規模でみると人口増加に伴う食料不足が懸念されており、食の需要そのものは心配なさそうだ。

食の絶対的な危機があるとすれば、人間が食に関心を失うか、または食べ物が不足して手が出ないほど高価になり、栄養のある錠剤、粉末、飲料だけで生活するといった未来のＳＦの１場面だろう。

はたして錠剤、粉末、飲料だけで満足できるだろうか。

ジャック・アタリ著『食の歴史』から紹介すると、２０１３年、すべての食事を粉末食に変えた米国のジャーナリストは２週間後に意気消沈し断念したが、その理由は、その食べ物よりも孤独感であったという。また、２０１８年、ある起業家が食事に費やす時間を節約する目的ですべての食事を粉末食にして、３分以内に１人で食べることにした。結果は馬鹿らしくなり２日目にやめたという。

アタリ氏は、会食という社交文化が消え去り、１人で食べる個食化の進行を懸念し、個食が進むと食は楽しみを欠いた実務的な行為になってしまうと指摘している。まったくそのとおりで会食の機会と重要性を強く訴えるべきだが、幸いなことに、私たちは錠剤や粉末食だけで満足することはないだろう。

動物性たんぱく質代替として人工肉や昆虫加工食品が登場し、若い世代を中心とした文化や思想の変化とともに食に求められる内容も変化しつつあるが、食は不可欠という事実はゆるがない。関連する産業も変革を欠かせないが、適切に対応すれば未来は保証されている。

産業が長く続くことは当たり前でない。1908年に発売されたT型フォードの誕生以降、自動車は馬車を駆逐し100年以上栄華を誇ってきた。しかし、現在は私たちの価値観や環境の変化に伴い、その成長性に疑問符が付いている。タイプライター、ワープロ、フィルム使用のカメラ、超音速ジェット機コンコルドなど、消えたものは数えきれない。タイピスト、電話交換手もいなくなった。

多くの人たちは、食品は工業製品などと違い、「いつもそこにあること」が当たり前のように思っているかもしれないが、食だけが持つ根源的な需要を今一度認識すべきだろう。

現在、そして将来、食・農業は最も成長性と安定性が見込める産業で、本腰を入れて長期的に取り組む価値がある。日本の食・農業は、「課題だらけ」であるにもかかわらず、同時に「伸びしろだらけ」な状態にある。

農業を企業経営として考えよう

食は未来永劫どのような状況でも人間に不可欠で、本書の「はじめに」に記したように、その意義は多様性に富む。したがって、長期的視野での対応が求められる。

消費者の視点からは、健康で楽しい食生活を送るためにできることをしたいものだ。食品廃棄削減、プラスチック削減、CO_2削減、食品や飲料に含まれる栄養素、添加物、カロリーやゲノム編集食品などへの注目、ベジタリアン、ヴィーガンへの配慮、食・農業を取り巻く状況や環境への理解など、日常生活でできることは多い。

関係者や応援団となって、時には食・農業との関係を考えてほしい。野菜や果物のカタチや微妙な色合いに対する必要以上のこだわりも捨ててほしい。そうしたこだわりは高級料亭などに任せておけば十分である。曲がったキュウリや大根も美味しい。

生産者や業界の視点からは、企業の参画を積極的に進めてほしい。2019年度の我が国法人の内部留保は、過去最大の475兆161億円、その内、非製造業が前年比4・2％増の312兆806億円であった。貯めるだけでなく意義ある投資が求められる。

米国主要企業の経営者が構成するビジネスラウンドテーブルは、株主の利益を最優先する株主資本主義から、すべてのステークホルダーの重視や脱炭素社会を目指すESG（環境、社会、ガバナンス）主義に舵を切ったが、食・農業はＥＳＧにうってつけの長期志向投資だ。環境への配慮や企業統治などに優れた投資先を選ぶ傾向は、企業年金基金の間でも広がりつつある。

我が国の企業、特に製造業がＩＣＴ、ＡＩ、ＩｏＴなどの先端技術を、お家芸の５Ｓ（整理、整頓、清掃、清潔、しつけ）と融合させれば、食のＳとの親和性も高くなる。安心安全な食・農業は、日本人が得意な「ものづくり」との共通項が多い。

日本を代表する自動車産業などが持つ多様性、独自性や複雑性を食品・農産物も持つべきと書いた。日本は高い教育水準を持つ勤勉な働き手、大企業のみならず中堅・中小企業の高い技術水準や契約履行へのコミットメント、電力・水・輸送といった社会インフラが整備されているが、こうした数多くの要因が機能しないと競争力のある売れる製品はつくれない。食・農業も一朝一夕では築けない日本のビジネスの土壌や健康、長寿といった特性を利用することで、付加価値の高い食品・農産物をつくることができるようになる。

新規参入について、現行法では企業の農地取得（５年以内）や出資比率（原則50％未満）に制限があるため、思い切った投資に踏み切れないケースもあるようだが、規制緩和をすれば企業の参入は大幅に増えるだろう。耕作者と農地所有者を同一とする自作農主義は時代遅れである。農地の所有者、経営者、耕作者は同じである必要はなく、それぞれのプロが担当するのが最も望ましい。

内閣府によると、耕作放棄地は２０１５年で42万３０００ヘクタール。１９９０年の21万７０００ヘクタールからほぼ倍増し、今後も増加傾向にある。その原因は高齢化、労働力不足にある。

政府の国家戦略特区として企業の農地取得や出資要件の緩和が認められた例外もあるが規模が小さい。せめて北海道全体を特区とするくらいの大胆さが欲しい。労働力不足は外国人（技能実習生）の役割が大きくなってきている。外国人にとって働きやすい労働環境へ改善し、日本人も半農半Xや副業などによって、柔軟かつ容易に農業に関われるような環境づくりが必要だろう。

農林水産省によると、農業経営体１３７万７０００（２０１５年）の内、約98％が家族経営である。家族経営と企業経営では同じ作物をつくるにしても、目指す数量、売り先が異なるだろうが、両者は共存共栄し、共に農業を振興させていく道が理想だ。たとえば、小規模農家は、その土地の特徴や営農家としてのノウハウを企業に教える。企業はそのノウハウをデータ化し、知的財産として登録するための手助けができるだろう。

多くの国において、農業の基本的な担い手は地域や生産について正しい知識を持つ小規模農家である。

農業経営にも最先端技術が生かされていく

情報をデータ化し、知識やノウハウとし、さらに知的財産としよう。情報のデータ化と共有は経営改善の鍵で、これが儲かる農業の一助となる可能性を持っている（第3章「利益ある農業を考える」WAGRIによる農業データの活用を参照）。

ICTなどを利用したスマート農業についての評価は分かれているようだ。大規模経営を行い、かつ生産から消費までのフードバリューチェーンを意識している農家は少数派だろう。しかし、少数派であっても、積極的な大規模農家はマーケットでの存在感を増し、市場シェアを高めていくに違いない。農業の付加価値を高めるだけでなく、観光、福祉、健康、医療、物流などの分野で新しいビジネスを創出する可能性を秘めている。小規模農家でも、スマホを使う農業用アプリもあるのだから新しい技術を試してみてはどうだろう。

2020年、理化学研究所と富士通が開発したスーパーコンピュータ「富岳」が、8年半ぶりに世界ランキング首位となった。計算速度だけでなく、実際のシミュレーション、AIの計算速度を測る指標など4部門で首位となったが、産業用途への適性も優れており、使いやすさにこだわった設計とのこと。ほかにも、AI開発スタートアップのプリファードネットワークス社の深層学習用スーパーコンピュータ、MN－3は、スパコン省電力性能ランキングGree n500で世界1位を獲得、エネルギー効率首位となった。

先端技術を実際のビジネスで使いこなすには、情報のデータ化が基本だ。几帳面な日本人は高度な処理や作業が得意だから、データの共有を進めたり、データを解析して実際の営農やビジネスで活用し、従来にはなかった新しい価値を創造してほしいものだ。

次世代には量子コンピュータが台頭する。2019年、グーグルは、量子コンピュータが当時最先端のスパコンで約1万年かかる計算を3分20秒で解いたと発表し、一躍世界の注目を浴びるようになった。2022年頃には産業応用の段階にいたる見通しで、食・農業においても、水素を高効率で取り出す「人口光合成」、食料生産に欠かせない「触媒」の開発への活用も言及されている。

農業における触媒の重要性は、20世紀初頭に人類の危機を救った事例として知られている。18世紀後半から始まった産業革命以降、ヨーロッパは急激な人口増加による食料危機に直面するようになった。当時は植物の生育に必要な窒素を肥料として効率的に供給することが難しかったが、この危機をハーバー・ボッシュ法というプロセスが救った。鉄を主体とした触媒を利用し、水素と窒素を高温高圧状態で反応させて、空気中から窒素を固定化できるようになり、食料生産が飛躍的に伸びた。

化学肥料の誕生以前は、農作物の生産量が人口増加に追いつかず、人類は常に貧困と飢餓に悩まされていた。しかし、ハーバー・ボッシュ法による窒素やリンなどの化学肥料の誕生により、ヨーロッパやアメリカ大陸では人口爆発にも耐えうる生産量を確保できるようになった。

食・農業に先端技術を応用し、生産性を向上させたり、新しいニーズをつくりだすことは歴史を振り返るまでもなく有益だ。日本の持つ技術に問題はなさそうで、経営の方法やビジネス環境の整備に課題がある。

コロナ禍により食品ECサイトの活用が進む

新型コロナウイルスは、社会問題を自分の問題として捉えるべきという事実を私たちに突き付けた。

外出自粛で行き場を失った食材は、ＳＮＳを通じて消費者の手に届けられたり、卸売販売のみだった生産者は一般消費者向け販売を始め、チャット機能で直接つながることができるようになった。ＳＮＳは個人間のつながりがベースだが、生産者は消費者の声を聞くことが励みになり、消費者は購入の際の満足感や安心感が増す。

スーパーマーケットなどによる食品ＥＣサイトの活用も進むだろう。最近は、業者が問屋や小売店を通さずにネットで直接消費者に販売するＤ２Ｃ（ダイレクト・ツー・コンシューマー）

のスタートアップも登場している。サイトやSNSを通じて顧客と長く付き合い、顧客の意見を商品開発やブランド構築に反映していくというビジネスモデルの下、モノを買いながら、ブランドを育てる体験ができる「コト消費」を伴う。企業はライフスタイルなどの情報を発信し、消費者は意見を述べたり商品を利用している写真を投稿したりする。D2Cは、すでにビール、パン、パスタなどの食品で展開されている。

消費者のニーズの多様化、言い換えれば個人的な好みの細分化は、AIなどの技術によってかなえられるようになった。技術はより幅広いメニューの開発を促す。食・農業の生産者・企業は、消費者の新しいニーズに対応していくことで成長できるし、消費者を満足させることができる。

食と医療を結び付けた事業などのほか、個人やグループの趣味趣向を反映した食品や農産物も増えていくだろう。食・農業の分野でも大量生産・大量消費のシステムは終焉を迎えているようだ。

私たちは、技術の利用目的を、人生を豊かに、健康で、幸福をもたらすものとしたい。幸い、ミレニアルやリバタリアン、ベジタリアン、ヴィーガンなどの新しい世代やベジタリアン、ヴィーガンも、食べるという喜びをなくしたいとは考えていないので、彼らの求めるニーズを提供していこう。

コロナ禍により食・農業のサプライチェーンの再構築が進む

コロナ禍を体験して、世の中はまったく何が起きるかわからないと痛感した。未来は過去の成功体験の延長線上にはない。想定外の事態は新しいビジネスモデルを必要とする。食・農業の内輪の力と情報だけでなく、外部（産学官民）の力と情報を得るネットワークとコミュニケーション能力が求められる。

コロナ禍で小中学校が休校になり給食用の牛乳が不要になったり、お菓子用の生乳の需要が激減したため生乳の大量廃棄が懸念された。政府や北海道などが少しでも多く牛乳を飲むよう消費者に呼び掛けたり生乳を保存の効くバター、脱脂粉乳、チーズなどの原料に回したりすることで、廃棄をかなり抑えることができたという。

コロナウイルスの感染拡大で需給体制とその調整に焦点があたり、その重要性が認識された。国や自治体、さらに農協など、農産物の流通で幅広い販路を持つ団体の強みが発揮されたが、「農産物のサプライチェーン・マネジメント構築」を農林水産省の旗振りで進めてほしい。これは、農産物のＢＣＰ（事業継続計画）ともいえる。感染症拡大に限らず、国内外の大規模自然災害、国際紛争や冷戦などが発生すると、重要な農産物の劇的な供給減やストップがあり得るので、代替可能な調達先の調査だけでは不十分だろう。供給システムとしてのサプライチェーンが被害を受けて機能しないと、生産ができても消費者の手元に届かない。

農産物のサプライチェーン・マネジメント構想は、農産物の調達可能性だけでなく、関連資材や供給システムも検討対象となるので、国がリーダーシップを取るとしても、多くの関連団体、企業、生産者の協力が必要なプロジェクトになる。重要品目についての代替品調達や流通システムの機能回復などのルール策定は、食の安全保障の根幹を形成する。

食と健康の結び付きには疑いの余地がない。健康な生活を送る権利はすべての人にあるが、誰かがそれを守ってくれる保証はない。健康はまず自分で守るという意識が大切だ。

ＷＨＯが１９４７年に採択した憲章には「健康とは、病気でないとか、弱っていないということではなく、肉体的にも、精神的にも、そして社会的にも、すべてが満たされた状態にあることをいう」「最高水準の健康に恵まれることは、あらゆる人々にとっての基本的人権のひとつ」と記されている。

しかし、世界にはこの基本的人権を享受できない人たちが多く存在する。私たちは地域社会、世界、国家の問題解決に向けて行動することが求められている。何をするか焦点を定め、目標を設定して実行することが重要だ。努力しても、その方向性が正しくないと目標に到達しない。

ＳＤＧｓは基本的人権や社会の基本的ルールと関係が深い。２番目の目標「飢餓をゼロに」は、「飢餓を終わらせ、食料安全保障及び栄養改善を実現し、持続可能な農業を促進する」を簡潔に述べたもので、以下を含む具体的なターゲットがある。

●2030年までに、飢餓を撲滅し、全ての人々、特に貧困層及び幼児を含む脆弱な立場にある人々が1年中安全かつ栄養のある食料を十分得られるようにする
●5歳未満の子どもの発育阻害や消耗性疾患について国際的に合意されたターゲットを2025年までに達成するなど、2030年までにあらゆる形態の栄養不良を解消し、若年女子、妊婦・授乳婦及び高齢者の栄養ニーズへの対処を行う
●女性、先住民、家族農家、牧畜民及び漁業者をはじめとする小規模食料生産者の農業生産性及び所得を倍増させる（抜粋）
●持続可能な食料生産システムを確保し、強靭（レジリエント）な農業を実践する（抜粋）

出所）総務省SDGs仮訳　最終更新日：2019年8月

第2章で述べたとおり、世界の飢餓人口は減少しつつある。安全な飲料水を利用できない人も改善の傾向にある。世界にはまだまだ問題が多いものの、良くなっている分野も多い。何事によらず、ゆっくりとした進歩があることに気づきたい。

ナッジを推し進めて食と農業を良くしていこう

私たちの行動を引き起こすには何らかのインセンティブが重要で、特に金銭的なインセンティブは大きな要因とされてきた。しかし、利他主義などの考え方や文化が要因となることもある。「ナッジ理論」という行動経済学の理論がある。ナッジ（nudge）とは、ひじで軽くつつくという意味で、たとえば、授業中に隣で居眠りをしている人をひじで軽くつついて注意を促すようなシーンが当たる。

ナッジ理論は２０１７年にノーベル経済学賞を受賞したが、提唱したリチャード・セイラーも特段難しいものではないと説明している。「米国の学校で生徒たちが野菜などの健康食品を食べないと問題視されていた。利用者が取りやすく目立つ位置に野菜サラダなどを置いて、無意識に健康によい食べ物を手にできるようにした結果、健康食品を選ぶ人の割合が30％以上増えた」という代表例がある。

「消費者は常に様々な選択肢の中から、自分が最も得になるものを選んでいるわけではない。しばしば誤った選択をしている」という基本思想から、迷える消費者を最適な行動や賢い選択に導くもので、変化したほうがいいはずなのに現状にとどまってしまう場合に、消費者が自然に気づくようなちょっとした工夫や提案によって変化を促そうとする。健康寿命を延ばす政策として、がん検診の促進などにナッジを利用しようという議論もあるようだ。

ナッジがいつも思いどおりに働くわけでないが、社会システムがしっかりしている日本では、ナッジ戦略が有効に働く可能性は高いと思う。食・農業においても、軽くつつくナッジや中程度、または大きく揺らす政策や戦略を注意深く実行してほしい。

近年、「健康経営」に取り組む企業が増えており、従業員が健康で仕事に熱心に取り組める状況をつくることに注力している。弱っていたり病気ではなく、いきいきと前向きに仕事に取り組み、人生に意義を見出し、楽しみ、自分の能力を十分に発揮している満たされた状態が真の健康だろう。

日本の食・農業全体を1つの企業と仮定すれば、このような健康経営に取り組み、よりいっそう活力に溢れた状態になってほしいし、そうなれる力はあると思う。経営に徹して持続的に十分な利益を生む農業ができれば、職業としても若者たちに見直される。

食・農業に限らず、産業には外部のパートナーが必要だ。農家はその規模にかかわらず、単独で理想通りに変革したり、何かを構築することはなかなかできない。

食・農業が2020年代の成長産業として変革していくためには、最終ページから本を読むように何をいつまでにやるか決める、実現への洞察力、決断力、集中力と高い志を持つ、といった姿勢が重要だ。精神論に偏ると、一緒に苦楽をともにしようという同志は集まらないし、潜在的な関係人口へのアピールも弱いものになってしまう。

楽観主義と悲観主義のどちらかの選択なら楽観主義を選びたい。そうでないと目標が立て難く、何をしていいか迷ってしまう。シナリオはベストとワーストだけでなく、中間のいくつかを想定し柔軟に対処できるのが望ましい。

日本の食・農業を少しずつでも良い方向に進めるため、私たち一人ひとりがナッジを推進したい。ソーシャルディスタンスで非接触とせざるを得ない場合は、肘でなく気持ちをつついていただければ十分と思う。

ピーター・ドラッカーは、「未来を予測するための最良の方法は未来を創ることだ」と言う。今後、日本の食・農業が、様々な課題をどのように克服し、日本を支え、世界に貢献する産業としてどのような変貌を遂げるのか。私は読者の皆様と一緒にその未来をしっかりと見つめて、自分ができることをすると決めた。

謝　辞

お一人ずつお名前を挙げることは叶わず申し訳なくも、本書の執筆にあたり貴重な情報やご助言をくださった方々に心より御礼申し上げる。

安曇出版の寺島豊氏とトレードルートの片岡伸雄氏には、前書同様、本書の校閲や編集、デザイン・装丁も含めて、とても丁寧に対応していただいた。原稿の精読も含め、いつもながら頭の下がる思いだ。

私の事務所で食・農業を専門分野としている岩月泰頼、菅原清暁2人のパートナー弁護士とは、食・農業だけでなく、関連する様々な話題について語り合った。その意見交換はとても有意義だった。

これらの人たち、そして私と事務所を支えてくれている数多くの方々から受けた恩義に感謝の気持ちを伝えたい。

最後に、わざわざ時間を割いて本書を読んでくださった皆様、心から感謝申し上げる。共感していただけるメッセージがあれば広めていただき、日本の食・農業を一緒に前進させていきたいと切に願っている。

参考文献

＊笹谷秀光『Q&A　SDGs経営』日本経済新聞社（2019年）
＊大森充『1冊で分かる！　ESG／SDGs入門』中央公論新社（2019年）
＊リチャード・ドッブスほか『マッキンゼーが予測する未来』ダイヤモンド社（2017年）
＊マルクス・ガブリエルほか『未来への大分岐』集英社新書（2019年）
＊西川潤『2030年　未来への選択』日本経済出版社（2018年）
＊池上彰『知らないと恥をかく世界の大問11 グローバリズムのその先』角川新書（2020年）
＊入山章栄『ビジネススクールで学べない世界最先端経営学』日経BP社（2015年）
＊大村大次郎『教養として知っておきたい33の経済理論』彩図社（2020年）
＊稲垣栄洋『はずれ者が進化をつくる　生き物をめぐる個性の秘密』ちくまプリマー新書（2020年）
＊ハンス・ロスリングほか『ファクトフルネス』日経BP社（2019年）
＊ジャック・アタリ『食の歴史』プレジデント社（2020年）
＊井熊均・三輪泰史『図解　グローバル農業ビジネス　新興国戦略が拓く日本農業の可能性』日刊工業新聞社（2011年）

＊ジョナサン・シルバータウン『美味しい進化　食べ物と人類はどう進化してきたか』インターシフト（２０１９年）
＊フェリペ・フェルナンデス＝アルメルト『食べる人類誌　火の発見からファーストフードの蔓延まで』早川書房（２０１０年）
＊読売新聞経済部『ルポ　農業新時代』中央公論新社（２０１７年）
＊21世紀政策研究所編『２０２５年　日本の農業ビジネス』講談社（２０１７年）
＊岩佐大輝『絶対にギブアップしたくない人のための　成功する農業』朝日新聞出版（２０１８年）
＊農林水産省編『食料・農業・農村白書　平成30年版』（２０１８年）
＊『ＮＡＰＡリサーチレポート２０１８　―日本農業の成長産業化に向けたブレークスルー』野村アグリプランニング＆アドバイザリー株式会社（２０１８年）
＊吉田忠則『農業崩壊　誰が日本の食を救うのか』日経ＢＰ社（２０１８年）
＊生源寺眞一『新版　農業がわかると社会のしくみが見えてくる』家の光協会（２０１８年）
＊窪田新之助『日本発「ロボットＡＩ農業」の凄い未来』講談社（２０１７年）
＊木村秋則・高野誠鮮『日本農業再生論』講談社（２０１６年）
＊日経ビジネス『稼げる農業　ＡＩと人材がここまで変える』日経ＢＰ社（２０１７年）

＊内田樹・藤山浩・宇根豊・平川克美『農業を株式会社化するという無理　これからの農業論』家の光協会（２０１８年）
＊中村靖彦『日本の食糧が危ない』岩波新書（２０１１年）
＊矢口芳生『持続可能な社会論』農林統計出版（２０１８年）
＊朝倉敏夫・井澤裕司・新村猛・和田有史編『食科学入門　食の総合的理解のために』昭和堂（２０１８年）
＊八木宏典監修『史上最強カラー図解　プロが教える農業のすべてがわかる本』ナツメ社（２０１０年）
＊岩崎邦彦『農業のマーケティング教科書　食と農のおいしいつなぎかた』日本経済新聞出版社（２０１７年）
＊鈴木渉・中島孝志『儲かる農業をやりなさい！』マネジメント社（２０１４年）
＊有坪民雄『誰も農業を知らない　プロ農家だからわかる日本農業の未来』原書房（２０１８年）
＊村上陽子・芝崎希美夫編著『食の経済入門　２０１８年版』農林統計出版（２０１８年）
＊寺西俊一・石田信隆・山下英俊編著『農家が消える　自然資源経済論からの提言』みすず書房（２０１８年）

＊ダン・コッペル『バナナの世界史　歴史を変えた果物の数奇な運命』太田出版（２０１２年）
＊奥田政行『地方再生のレシピ　食から始まる日本の豊かさ再発見』共同通信社（２０１５年）
※写真提供（第６章）……「食の都庄内」ブランド戦略会議・山形県東京事務所

松田 純一（まつだ じゅんいち）

松田綜合法律事務所　所長弁護士・弁理士

1984年慶應義塾大学法学部法律学科卒業。1996年オランダ・ライデン大学研修、1996～1997年米国カリフォルニア大学バークレー校客員研究員、2002～2005年跡見学園女子大学マネジメント学部非常勤講師、2012～2013年司法試験考査委員（行政法）、2014年公益財団法人日印協会評議員就任、2014年度東京弁護士会副会長。中小企業から上場企業に至る幅広い顧客に法的助言を提供するとともに、様々な企業取引や海外進出の支援を行う。得意分野はM&A、労働案件、不動産案件、知的財産権。著書に、単著『知っておきたい これからの情報･技術･金融 －真剣に夢を持ち続けるために－』（安曇出版）、『これならわかる新「会社法」要点のすべて』（日本実業出版社）、共著『個別労働紛争解決手続マニュアル』『労働時間･休日･休暇をめぐる紛争事例解説集』（新日本法規出版）など。

食《しょく》と農業《のうぎょう》　未来《みらい》への選択《せんたく》

2021年3月25日　初版発行

著　者　松田純一　
発行者　寺島　豊

発行所　株式会社　安曇出版
〒113-0033 東京都文京区本郷4-1-7　近江屋第二ビル402
TEL 03(5803)7900　FAX 03(5803)7901
http://www.azmp.co.jp　　振替　00150-1-764062

発　売　株式会社　メディアパル（共同出版者・流通責任者）
〒162-8710 東京都新宿区東五軒町6-24
TEL 03(5261)1171　FAX 03(3235)4645

ISBN978-4-8021-3241-1　Printed in Japan
印刷／製本：日本ハイコム株式会社
